Herbert Krauß

Der Sauener Wald

Das große ökologische Experiment des Chirurgen August Bier nach 70 Jahren

Mit einem Geleitwort von Prof. Dr. Hans Leibundgut

Birkhäuser Verlag
Basel · Boston · Stuttgart

Publiziert mit Unterstützung der Vinzenz von Paul-Stiftung, Basel

CIP-Kurztitelaufnahme der Deutschen Bibliothek

Krauss, Herbert:
Der Sauener Wald : d. grosse ökolog. Experiment
d. Chirurgen August Bier nach 70 Jahren / Herbert
Krauss. – Basel ; Boston ; Stuttgart : Birkhäuser,
1986.
ISBN 3-7643-1793-0

Buchkonzept, Typografie und Umschlag:
Albert Gomm swb/asg, Basel

ISBN 3-7643-1793-0

Das große Experiment meines Lebens: der Aufbau
eines ausgedehnten Waldes nach den allgemeinen
philosophischen und biologischen Regeln,
die mir die Medizin erschlossen hat.

August Bier

Inhalt

August Bier, Arzt und Waldbauer

Waldbau und Medizin sind scheinbar vollständig verschiedene Wissensgebiete. Es mag daher erstaunen, daß der berühmte Arzt August Bier zugleich ein erfolgreicher Waldbauer war und daß sich durch ihn die beiden Fachgebiete gegenseitig fruchtbar beeinflußt haben. Zwar hat schon Paracelsus den Baum mit dem Menschen verglichen, aber erst um die Jahrhundertwende wurde die Soziologie des Waldes richtig erfaßt und erkannt, daß manche Grundprinzipien der Gesellschaftslehre für alle Lebensgemeinschaften gelten. Die einstige mechanistische Betrachtung des Wirtschaftswaldes als ein vom Menschen geleiteter Holzproduktionsbetrieb wurde durch die Vorstellung von einem verwickelten, von der Umwelt geprägten und diese beeinflussenden Beziehungsgefüge abgelöst, welches weit über seine wirtschaftlichen Funktionen hinaus auch sozialen Aufgaben zu dienen hat. Aussehen und inneres Geschehen des Waldes werden zwar weitgehend durch die Bäume geprägt, die Ganzheit seines Wesens umfaßt jedoch die gesamte pflanzliche und tierische Lebewelt und das durch ihn geschaffene Habitat, den Waldboden und die Waldluft.

Dieser Wandel in der Auffassung vom Wesen des Waldes fällt zum großen Teil in die Zeit von *August Bier*. Er wurde vor allem durch *Karl Gayer* (1822–1907) und *Georgij Morosow* (1867–1920) eingeleitet, durch *Karl Rebel* (1863–1939) und *Arnold Engler* (1869–1923) weiter gefördert und durch *Alfred Möller* (1860–1922) bis zur Auffassung des Waldes als ‹Organismus höherer Ordnung› weiter entwikkelt. Schließlich hat *Walter Schädelin* (1873–1953) folgerichtig die Erkenntnis in den Kern der Waldbaulehre gerückt, wonach höchste Erfolge nicht durch die Ausmerzung des Minderwertigen erzielt werden, sondern durch eine positive Auslese und unmittelbare Förderung der mutmaßlich genetisch wertvollsten und in ihrer Erscheinungsform besten Bestandesglieder.

August Bier hat diese Entwicklung zweifellos mitverfolgt, was auch aus einzelnen Hinweisen in seinen Schriften hervorgeht. Als Jäger war er schon in jungen Jahren mit dem Wald verbunden, so daß der bereits Einundfünfzigjährige bei der Erwerbung seines Waldgutes Sauen im Jahre 1912 kein Waldfremder war. Seine Waldtherapie ging aber doch weitgehend aus seiner ärztlichen Erfahrung und Anschauung hervor. Sein ungewöhnlicher Scharfblick für alle Naturvorgänge ließ ihn erkennen, daß der Waldbau auf den gleichen naturwissenschaftlichen Grundlagen wie die Medizin beruhen sollte, auf der Chemie, Physik, Botanik, Zoologie, Genetik und vor allem auch auf der Lehre von den Umweltwirkungen und der Soziologie. Er erkannte, daß sich in einem kranken Wald ähnliche Probleme stellen wie bei den Krankheiten der Menschen, und wenn er sich selbst als ‹Waldarzt› bezeichnete, deutet dies auf die von ihm empfundenen biologischen Zusammenhänge ärztlichen und waldbaulichen Denkens hin. Wie der heilende Arzt nach seiner Auffassung die Aufmerksamkeit nicht allein auf ein vorhandenes Leiden beschränken darf, sondern den geregelten Ablauf in allen Teilbereichen des menschlichen Körpers anstreben muß, sollte der ‹Waldarzt› ebenfalls bestrebt sein, die biologischen Zusammenhänge im Waldleben gesamthaft zu erfassen und zu verbessern. Er begann daher die Behandlung seiner zum großen Teil kümmernden, armen Kiefernwälder mit dem Bemühen, deren Lebenskraft und natürlichen Widerstand gegen ungünstige äußere Einflüsse zu steigern. Sein Ziel bestand darin, das ganze Beziehungsgefüge seiner Waldbestände nach den biologischen Regeln, die ihm durch seine medizinische Erfahrung erschlossen waren, gesamthaft zu verbessern und die erkennbaren Krankheitssymptome gewissermaßen bloß als beiläufige Nebenaufgabe zu behandeln. Wegleitend war für ihn die Naturbeobachtung, und er befolgte damit im wahren Sinne die von Paracelsus erhobene Forderung: «Alle, die Ärzte sein und werden wollen, sollen sich als Schüler der göttlichen Natur verhalten». Wenn er jede waldbauliche Maßnahme wie jede Krankenbehandlung als individuelles biologisches Experiment auffaßte, hat er bereits über die den heutigen Waldbau kennzeichnende Einstellung verfügt, wonach jeder Waldbestand etwas Einziges und Einmaliges darstellt und daher eine besondere Behandlung verlangt.

Viele der heute für den Waldbau wegleitenden Grundsätze hat August Bier aufgrund seiner ärztlichen Erfahrung mit Erfolg auf seinen Wald übertragen, so die Erhöhung der Stabilität durch eine Vermehrung der Vielfalt der am Beziehungsgefüge beteiligten Arten, die Erhöhung der Widerstandskraft durch eine positive Auslese, die Schaffung optimaler Umweltbedingungen.

Wenn wir uns fragen, worin sich seine Auffassungen von den heutigen waldbaulichen Erkenntnissen unterscheiden, ist einzig darauf hinzuweisen, daß er in seiner ärztlichen Sicht den Wald nicht als dynamisches Beziehungsgefüge einer Lebensgemeinschaft verstanden hat. Seine offenbar durch *Möller* bestärkte Auffassung vom Wald als ‹Organismus höherer Ordnung› entspricht der schon von *Platon* und *Aristoteles* vertretenen Vorstellung sozialer Zusammenhänge, erweist sich aber deshalb als unhaltbar, weil eine Lebensgemeinschaft nicht ein stabiles organisches Gefüge aufweist, sondern einmalige und sich fortwährend verändernde Beziehungen. Dies schmälert jedoch den forstlichen Wert der Erkenntnisse von August Bier in keiner Weise, denn diese beruhen auf richtigen Beobachtungen und dem Bemühen, die für alles Leben gültigen Grundprinzipien sowohl auf die Medizin wie auf den Waldbau zu übertragen. Darin sind seine Feststellungen und Erfahrungen auch heute noch von großem Interesse. Ein Ausspruch des großen Hohenheimer-Arztes *Theophrastus Paracelsus* bestätigt sich auch im Denken und Wirken von *August Bier*: «Was ist den natürlichen Kräften gleich? Wer diese nicht kennt, kann keine Kunst».

Hans Leibundgut

Vorwort

Die öffentliche Diskussion um die Gefährdung unserer Wälder wird beherrscht von der Notwendigkeit, die schädigenden Faktoren zu begrenzen. Mit dieser Arbeit soll die Aufmerksamkeit auf ein einzigartiges historisches Beispiel gelenkt werden, das aus mehr als einem Grunde unsere Aufmerksamkeit verdient. War es doch das Ziel des großangelegten Versuchs des Chirurgen August Bier, einen kranken Wald gesunden zu lassen und ihm die Eigenschaft höchstmöglicher Widerstandsfähigkeit gegenüber Schädigungen aller Art zu geben.
Die allgemeinen ökologischen Entwicklungen der letzten Jahrzehnte haben das Gewicht dieses Pionierwerkes sehr erhöht. Die immer deutlicher werdenden Ergebnisse des Versuchs sprechen für sich. Er wurde zu einem Lehrstück, wie es gelingt, die verlorengegangene Fähigkeit eines Waldes zur Selbstregeneration wieder herzustellen, einen kümmernden, ‹kranken› Wald wieder gesunden zu lassen.

Als Quellen für das Buch dienten, neben den Arbeiten von forstlicher, landwirtschaftlicher und biologischer Seite aus der 70jährigen Versuchsdauer, der handschriftliche Nachlaß August Biers und Protokolle von Revierbegehungen, die er mit ersten Forstwissenschaftlern und -praktikern seiner Zeit durchführte. Den Einblick in die Entwicklungen des Reviers während der letzten drei Jahrzehnte verdanken wir vor allem den Berichten von Herrn Oberforstmeister Heinrich Bier († 1984), dem Sohn August Biers, dem die Betreuung des Waldes bis 1968 oblag.
Den gegenwärtigen Zustand des Waldes konnten wir bei häufigen Besuchen im Revier beobachten.

Berlin, im September 1986
Herbert Krauß

Verschönung des Landschaftsbildes in der Umgebung des Sauener Reviers.

Einführung

Die Sorge um den Bestand unserer Wälder bewegt heute manch einen, der den Wald bisher als selbstverständliches Geschenk der Natur genossen hat. Sieht der eine den Teil der Landschaft bedroht, der ihn mit seiner Stille besonders anzog, es ihm erleichterte, zu entspannen und zu sich selbst zu finden, so mögen andere mehr beunruhigt sein wegen der Gefährdung ökologischer Zusammenhänge unserer Umwelt. Sie bangen um den Wald als Mitgestalter unseres Klimas, als Voraussetzung für die geregelte Versorgung mit gutem Trinkwasser oder die Erneuerung der zu uns gelangenden Atemluft.

Die Anfänge der Waldgefährdung gehen weit zurück. Der Vorgang beschleunigte sich jedoch während der letzten Jahrzehnte in beunruhigendem Maße. Dabei waren die zum Kümmern oder gar zur Vernichtung des Waldes führenden Vorgänge zumeist die gleichen: Übernutzung des Waldbestandes, Rodungen zum Landgewinn für andere Zwecke oder Änderungen der Wirtschaftsweise nach vorwiegend administrativen, organisatorischen bzw. arbeitstechnischen Gesichtspunkten. In neuerer Zeit kamen – als wohl bedrohlichster Vorgang – die Schäden durch Abgase der Industrie und anderer Verbrennungsquellen hinzu.

Alle genannten Ursachen verraten eine Unterbewertung biologischer Gesichtspunkte. Dies gilt für das Waldrevier im einzelnen wie für die umfassenden Zusammenhänge und die daraus zu ziehenden Folgerungen.

Bei dem Waldbauversuch von August Bier lagen die Verhältnisse gerade umgekehrt. Ein Arzt und Biologe, der tiefe Einsichten in die Probleme des Lebens gewonnen hatte, wollte an einem großangelegten Beispiel zeigen, wie durch das Beachten lebensgesetzlicher Zusammenhänge ein ‹kranker› oder zum mindesten dürftig entwickelter Wald ‹gesunden› könne.

August Bier stellte sich damit zugleich die Aufgabe, die tiefgründige Weisheit des griechischen Philosophen Herakleitos (etwa 540–480 v. Chr.) in einem Lebensbereich zu erleuchten, der dem experimentierenden Arzt in einer vergleichbaren Weise u. a. aus ethischen Gründen verschlossen ist. Das heraklitische Wort: ‹Die Gegensätze fügen sich zur Harmonie› faszinierte schon den jungen Arzt August Bier. Es bewegte ihn bis in sein hohes Alter.

Bier orientierte sich wie wenige an Fundamenten menschlicher Naturerkenntnis, doch er war zugleich ein Realist, der ebenso phantasievoll wie tatkräftig Wege zur Verwirklichung seiner Vorhaben fand.

Er hatte die Idee eines Waldes als einer möglichst vielfältigen Lebensgemeinschaft der Mikroben, Pflanzen und Tiere und sah den Wald als ein beziehungsreiches natürliches Gefüge von Dauer. Je reicher das Bodenleben, der Bodenbewuchs, je vielfältiger und besser aufeinander abgestimmt die Gehölzarten, desto mehr entsprach der Wald seiner Idee.

Das Gelingen des großartigen Vorhabens ist dem Zusammentreffen mehrerer glücklicher Umstände zu danken, die sich nicht zuletzt aus der Persönlichkeit des Initiators ergaben.

August Bier war nicht nur der wohl berühmteste deutsche Chirurg seiner Zeit. Er war bei aller Meisterschaft als ärztlicher Spezialist ein weitgebildeter und nachdenklich veranlagter Biologe. In der freien Natur fühlte sich der begeisterte Jäger schon von Kindheit an zu Hause. Der waldbaulichen Aufgabe kam eine geniale Befähigung zur Naturbeobachtung und -deutung entgegen.

Mitten in der klinischen und medizinischen Forschungsarbeit stehend, war es für Bier selbstverständlich, daß er Ideen, die primär den Anstoß gaben, kritisch in Frage stellte, falls dies erforderlich erschien. Etwa aufgetretenen Zwei-

feln ging er mit der Sorgfalt des experimentierenden Forschers nach.
August Bier hat seinen Waldversuch tatkräftig in eigene Regie genommen und so entscheidend zur unverfälschten Durchführung des Konzeptes beigetragen. Schließlich war Bier wirtschaftlich in der Lage, seinem heraklitischen Versuch einen Umfang zu geben (etwa 800 ha), der in sich manches zum Gelingen der ökologischen Aufgabe beitrug.
So entstand ein waldbauliches Unternehmen mit dem Ziel, aus einem dürftigen, wenn nicht kranken märkischen Kiefernwald einen gesunden Mischwald zu gestalten. Es gibt unseres Wissens in der Norddeutschen Tiefebene in bezug auf Umfang und Dauer kein vergleichbares Beispiel. Die Laufzeit des Versuchs von mehr als 70 Jahren gestattet bereits mancherlei Aussagen über die Ergebnisse. Eine Fülle von Fragen drängt sich hier auf. Zunächst die ketzerische: Was wird wohl aus einem Waldrevier, wenn sein Schicksal von einem forstwirtschaftlichen Laien bestimmt wird, der weder eine forstwissenschaftliche noch botanische oder dendrologische Ausbildung hat und der bei seinem Vorhaben nicht von den beherrschenden – freilich oft sehr vordergründig – ertragswirtschaftlichen Gesichtspunkten ausgeht; der sich vielmehr von sehr allgemeinen bionomen (lebensgesetzlichen) Gesichtspunkten leiten läßt?
Wie entwickeln sich im einzelnen Bodenfruchtbarkeit, Binnenklima des Waldes, Wasserhaushalt, Artenreichtum der Pflanzen- und Tierwelt, Resistenz gegenüber Umweltschäden, das ästhetische Waldbild und nicht zuletzt: wie steht es um die Ertragslage? Es soll versucht werden, im folgenden über diese und andere Fragen durch Wort und Bild Auskunft zu geben.
Heute, mehr als drei Jahrzehnte nach dem Tod August Biers, ist es deutlich, wie klar dieser große Arzt die Umweltproblematik des 20. Jahrhunderts gesehen hat. Vorausschauend hat er ein Beispiel der Waldregeneration schaffen wollen, indem er an den wichtigsten Ursachen der Waldgefährdung ansetzte.
Er ging dabei in den einzelnen Abteilungen des Reviers nicht gleichartig vor. Das Hauptziel stets im Auge, wurde teils dieser, teils jener Weg der Regenerationsförderung in den Vordergrund gestellt.
So entstand zugleich ein Versuchsfeld von hohem Aussagewert für zahlreiche spezielle Fragen.
Waldbauversuche sind Arbeiten für die Zukunft. Viele Ergebnisse zeigen sich erst nachfolgenden Generationen. Gerade unter diesem Aspekt verdient der Sauener Wald in seinen bereits vorliegenden Aussagen starke Beachtung und wegen zu erwartender Ergebnisse besondere Pflege.

August Bier, Arzt und bionomer Denker

Lebensdaten

Geboren am 24. November 1861 in Helsen/Waldeck, gestorben am 12. März 1949 in Sauen/Mark Brandenburg

August Bier wurde am 24. November 1861 in Helsen/Waldeck als Sohn des Geometers Theodor Bier geboren. Der an Natur- und Geisteswissenschaften interessierte Vater hat sich u. a. als Gestalter der Parkanlagen von Bad Wildungen und Arolsen einen Namen gemacht. Er weckte in dem Sohn früh die Fähigkeit scharfen Naturbeobachtens und die Neigung zu einer philosophischen Betrachtung der Lebensvorgänge. Schon mit 12 Jahren war August Bier Jäger mit Leidenschaft. Die Jagd blieb für ihn Jahrzehnte lang eine Quelle immer neuer Naturbeobachtungen. Bei der Berufswahl schwankte er zwischen Forstwissenschaft und Medizin.

1881: Abitur in Korbach, Medizinstudium in Berlin, Leipzig und Kiel. Der nur für einen kurzen Studienabschnitt gedachte Aufenthalt in Kiel wurde zu einem 16jährigen, für seine Entwicklung in vielfacher Sicht entscheidenden Lebensabschnitt. Ihn faszinierte die See, die er schwimmend und segelnd genoß. Er fand Gelegenheit zur Jagd und zum Reiten. Vor allem waren es aber die damals hervorragenden Studienbedingungen an der Kieler Universität, die ihn bestimmten, seine Studien in Kiel zu Ende zu führen. Allem voraus, dürfte ihn dazu der Ordinarius für Chirurgie, F. von Esmarch, bestimmt haben. Dieser wurde gelegentlich einer Prüfungsaufgabe, einer Fußamputation, auf den entschlossen und manuell geschickt vorgehenden Praktikanten aufmerksam, so daß er ihm anbot, als Assistent in seine Klinik einzutreten.

1886: Medizinisches Staatsexamen mit Auszeichnung.

Anschließend Praxisvertretung in einem holsteinischen Dorf und zwei Südamerikareisen.

1888: Eintritt als Assistent der Chirurgischen Universitätsklinik in Kiel. Bereits 1889 habilitierte er mit einer Arbeit über die Darmnaht.

Rasch erwarb er sich als Dozent und Oberarzt einen Namen. Der schon im hohen Alter stehende von Esmarch übergab ihm immer mehr Verantwortungen für die Leitung der Klinik.
1899: Ordinarius für Chirurgie in Greifswald, dessen medizinische Fakultät dank ihrer guten Besetzung und Arbeitsbedingungen damals hohe Anziehungskraft hatte. Bier erlebte hier besonders gepflegten interdisziplinären Gedankenaustausch, namentlich zwischen den Medizinern, Naturwissenschaftlern, Philosophen und Juristen. Von entscheidender Bedeutung für sein naturwissenschaftliches Denken wurde die Begegnung mit Hugo Schulz, dem Pharmakologen. Das nach dem Neurologen Arndt und diesem benannte ‹biologische Grundgesetz›, wohl besser die ‹Arndt-Schulzsche Regel›, besagt: «Schwache Reize fachen die Lebenstätigkeit an, mittelstarke fördern sie, starke hemmen sie, stärkste heben sie auf.» Der Gedanke der Lebensreize beschäftigte August Bier sein Leben lang und wurde in immer wieder neuen Abwandlungen klinisch-experimenteller oder waldwirtschaftlicher Fragestellungen aufgegriffen.
Im Zusammensein mit den ‹Greifswalder Homöopathen auf dem Lehrstuhl für Pharmakologie› begann auch bei Bier die gedankliche Beschäftigung mit der Lehre der Homöopathie, die fast drei Jahrzehnte später in seinen aufsehenerregenden Veröffentlichungen zu diesem Thema ihren Niederschlag fanden.
1903 wurde Bier – als jüngster Bewerber der Vorschlagsliste – auf den Lehrstuhl für Chirurgie in Bonn berufen.

1905: Eheschließung mit der Arzttochter Anna Esau, die ihm fünf Kinder schenkte.
1907: Berufung auf den frei gewordenen Lehrstuhl Ernst von Bergmanns in Berlin. Übernahme der seiner Zeit berühmtesten deutschen Klinik für Chirurgie in der Ziegelstraße.
1912: Erwerb des Waldgutes Sauen, Kreis Beeskow/Mark, von der Familie von Rheinbaben.
Der Besitz wurde durch Zukauf auf etwa 1000 ha erweitert.
1913 begann August Bier mit der Verwirklichung seines langgehegten Wunsches, einen Wald selbst zu gestalten.
1931: Emeritierung als Direktor der Chirurgischen Universitätsklinik.
1935: Verleihung des Nationalpreises an August Bier und Ferdinand Sauerbruch.
1945: Überführung des Waldgutes Sauen in Staatseigentum. 50 ha des Besitzes bleiben Eigentum der Familie Bier. Die Verwaltung des Reviers wurde dem Sohn, Forstmeister Heinrich Bier, als Versuchsgelände im Auftrage der Forstakademie Eberswalde übertragen.
Am 12. März 1949 starb August Bier in Sauen. Er ruht neben seiner Frau Anna im Jagen 1 seines Waldes unter dem domartigen Blätterdach hoher Laubbäume.

Der philosophische Standort

August Bier war ein eigenständiger Denker. In jungen Jahren zehrte er von dem, was ihm auf dem humanistischen Gymnasium an philosophischer Lehre mitgegeben war. Aber bereits diese verhältnismäßig schmalen Grundlagen einer gymnasialen Allgemeinbildung gaben ihm entscheidende Anregungen für sein naturwissenschaftliches und medizinisches Denken. Er empfand eine starke Geistesverwandtschaft zu den griechischen Philosophen der vorsokratischen Zeit. Herakleitos und der Arzt Hippokrates (460–370 v. Chr.) berührten ihn am meisten. In späteren Jahren befaßte sich Bier intensiv mit philosophischen Studien. In Zweifelsfragen pflegte er sich mit Lehrvertretern der Philosophie auszutauschen, mit denen er auch freundschaftlich verbunden war. Er trug sich mit dem Gedanken, selbst eine Übersetzung der Werke des Hippokrates herauszugeben.
Es dürfte kaum einen Philosophen unserer Zeit geben, der so eindringlich und mit vergleichbarer innerer Teilnahme die Lehren Heraklits durchdacht und oftmals zu neuen Räumen weitergeführt hat. Der Sinn mancher heraklitischer Aphorismen, um die sich frühere Ausdeuter vergeblich oder abwegig bemüht hatten, lag für August Bier klar zutage. Es war, wie es nur unter Geistesverwandten möglich ist. Für Bier war Heraklit weit weniger ‹der Dunkle›, Skiatos, wie ihn die Griechen einst nannten. Man möchte August Bier geradezu den Heraklit unserer Zeit nennen.

Bier hielt die schroffe Ablehnung der Naturphilosophie durch die Naturwissenschaft der letzten Jahrhunderte für einen verhängnisvollen Irrtum. Für ihn war die Naturphilosophie ein wichtiges ‹Erkenntnis- und Orientierungsmittel›.
Die in die Aphorismen des Heraklit und im Corpus hippocraticum niedergelegten Erkenntnisse bedeuteten für Bier mehr als nur philosophische Denkmöglichkeiten. Sie bestimmten weitgehend sein Handeln. Wiederholt fühlte er sich durch Gedanken des Heraklit und des Hippokrates zur Bearbeitung biologicher und spezieller medizinischer Forschungsthemen angeregt.
Er anerkannte zwar die von Sokrates, Plato und Aristoteles begründete Logik als verpflichtendes wie fruchtbares Ordnungsprinzip für jeden Wissenschafter, doch stellte er ihr gleichberechtigt ein ‹harmonisches System› zur Seite.
Die Fundamente dieses harmonischen Systems finden wir in den Sinnsprüchen des Heraklit und in den Schriften des Hippokrates, so in dem wohl bekanntesten Aphorismus Heraklits: «Alles fließt.» Die Auffassung vom ständigen Wechsel, vom Werden und Vergehen in der belebten und unbelebten Natur ist sicher nie prägnanter ausgesprochen worden. Die tiefgründige Wahrheit erlebte im Verlaufe der naturwissenschaftlichen Entdeckungen immer neue, oft überraschende Bestätigungen. Denken wir an die Erkenntnisse über den Atomzerfall, des Kreisens der Elektronen um den atomaren Kern, das Werden und Vergehen der Einzelwesen, Arten, Gattungen oder auch der Kulturen, an die Lebensrhythmen vom Sekunden- bis zum Jahresbereich: Nirgends in der Natur findet sich etwas Statisches.
‹Man kann nicht zweimal in denselben Fluß steigen› (Heraklit) zeigt, wie das scheinbar Gleiche im zeitlichen Ablauf doch nicht gleich ist.
Die zweite Kennzeichnung des harmonischen Systems handelt von der Relativität der Erscheinungen und Werte, nicht zuletzt als Ergebnis unterschiedlicher Vergleichsmaßstäbe und als notwendige Folge des Bewegtseins der Natur.
Im Rahmen unseres Themas, der Gestaltung des Sauener Waldes, sei im folgenden vor allem das dritte der von Bier gezeichneten Fundamente des harmonischen Systems erörtert. Es betrifft die Harmonie der Gegensätze. Es werden zwei Arten der Gegesätze unterschieden: die zusammengespannten (das Nebeneinander) und das scheinbar entgegengesetzt Laufende, das Nacheinander der Gegensätze.
Im 51. Aphorismus gebraucht Heraklit für die zusammengespannten Gegensätze die Bilder vom Bogen und der Leier: «Sie begreifen nicht, wie es auseinanderstrebend zusammenstimmt, gegenstrebige Vereinigung (Harmonie) wie in Bogen und Leier.» August Bier zum Beispiel des Bogens: «Dieser besteht aus Schaft und Sehne. Jener spannt diese, diese jenen, und zwar jeder Teil auf seine Art. Die Sehne zieht den Schaft zusammen, der Schaft die Sehne auseinander. Beide wirken gegeneinander, alles miteinander.»
Aus den Schriften von Heraklit, Hippokrates und August Bier sprudelt eine Fülle von Beispielen aus der organischen und unbelebten Welt wie auch aus dem gesellschaftlichen Leben. Sie alle zeigen, wie das ausgewogene Spiel von Kräften das erhaltende Prinzip ist. Nicht polares Gleichgewicht, sondern Dynamik aus dem harmonischen Gemisch gegensätzlich wirkender Kräfte:
- Anziehung und Abstoßung der Weltkörper,
- Polarität der Magnete,
- ‹Unruhe› der Uhrfeder,
- Feuer und Wasser,
- männliches und weibliches Prinzip,
- Wurzel und Stengel der Pflanze,
- Mischung der Farben und Töne in der Kunst,
- Antagonismus von Hormonen und Elektrolyten in der Physiologie, Säure und Basen,
- Agonisten und Gegenspieler der Muskulatur,
- Die Grundlagen der harmonischen Ehe.

Diese Auffassung hat in der Krasenlehre, der Lehre von der Mischung der Säfte, über 2000 Jahre das symbolhafte Denken der Medizin beherrscht. Sie hat sich als dauerhaft erwiesen wie kein anderes System neben ihr.
Die Eukrasie (richtige Mischung der Säfte – vielleicht sollte man hinzufügen: ‹und Kräfte›) entspricht dem Begriff der Gesundheit, die Dyskrasie (fehlerhafte Säftemischung) dem der Krankheit.
Die Vorstellung von den in richtigen Anteilen aufeinander und miteinander wirkenden Kräften als Kennzeichen intakten Lebens bzw. des Gesundseins ist ein fruchtbarer Gedanke, eine

Gutshaus Sauen. Wohnsitz August Biers von 1912 bis 1949.

Grabstätte von Anna und August Bier unter einer Gruppe alter Eichen innerhalb des Sauener Waldes.

zeitlose Wahrheit, die auch in der Zukunft gelten wird.
Der Umgang mit diesen Prinzipien zwingt, sich Rechenschaft zu geben, welche Bedeutung jeweils ein Abweichen von der ‹Norm›, ein ‹Symptom› hat. Handelt es sich hier um das Versagen eines Organismus, oder ist es Ausdruck einer reaktiven Abwehrleistung gegenüber einer drohenden Gefahr?
In diesen Kategorien zu denken, lenkt den Blick des Arztes notwendigerweise auf den ganzen Menschen mit seinen vielfältigen Wechselbeziehungen. Es bewahrt ihn vor zu oberflächlicher Betrachtung und vor Kurzschlußhandlungen.
In einer Zeit, in der das Denken in den Naturwissenschaften und der Medizin sehr weitgehend kausalgesetzlich bestimmt war, setzte sich Bier für die Berechtigung teleologischen Denkens ein. Er formulierte hiermit etwas, was mancher unbefangene Beobachter empfindet und der praktizierende Arzt vielfach beachtet, nämlich das Zweckgerichtetsein zahlreicher Lebensvorgänge. Es fiel Bier nicht schwer, Beispiele für die Zweckmäßigkeit von Lebensfunktionen zu nennen, etwa das Sparsamkeitsprinzip bei Aufbau und Funktion des Organismus, die Entwicklung der Schutz- und Abwehrmechanismen, die Durchblutungssteigerung und Ansammlung weißer Blutzellen wie andere Teilvorgänge beim Entstehen von Entzündungen und Fieber. Er nennt die Konzentration des Tastvermögens und der Schmerzempfindung an den Körperteilen, die der Berührung mit der Umwelt am stärksten zugewandt sind.
Mit diesem Eintreten für teleologisches Denken in der Medizin identifizierte sich Bier nicht mit dem Vitalismus. Diese Denkrichtung ist zwar ebenfalls teleologisch orientiert, aber durch allzu viele mystifizierende und z. T. wirre Vorstellungen belastet, die dem klaren Denker August Bier zuwider waren. Trotz schroffer Ablehnung teleologischen Denkens ist nicht zu verkennen, daß der beherrschende Darwinismus sich dem Gedanken des Zweckgerichtetseins organischer Funktionen nicht verschließen konnte. Oft wurde hier Zweckmäßigkeit mit Existenzfähigkeit der Lebewesen gleichgesetzt.
Bier bestreitet dabei nicht, daß es notwendig sei, viele Vorgänge kausal zu betrachten. Die Vielseitigkeit der Betrachtungsweise war für ihn vielmehr eine Möglichkeit zur Vertiefung und Bereicherung der Aussagen. Jedoch: «In einem mehr teleologisch denkenden Zeitalter wären in der Medizin manche Irrtümer vermieden worden.»
Angesichts der ganz vorwiegend kausalgenetischen Orientierung der Naturwissenschaft im 19. Jahrhundert verwundert es nicht, daß Anzeichen deduktiven oder gar teleologischen Denkens Proteste auslösten. Bier argumentierte dagegen, fühlte sich aber nicht getroffen. Er war viel zu sehr Arzt am Krankenbett, Chirurg im Operationssaal und ständiger Beobachter der freien Natur, um nicht auch diese immer fließenden Quellen induktiven Erkenntnisgewinns kritisch zu nutzen. Wenn er die Berechtigung teleologischen Denkens anerkannte, so war es das Bekenntnis eines Naturwissenschafters, der stets bereit war, etwa aufgetretene Irrtümer bei der Bedeutungsanalyse von Naturerscheinungen freimütig einzugestehen und zum Ausgangspunkt neuer Denkansätze und praktischer Versuche zu machen.
Bier war mit ungewöhnlichem Scharfblick begabt und zugleich ein grübelnder Deuter des Beobachteten. Sicher war diese Fähigkeit eine der Quellen für die Sympathie, die ihm von den in der Praxis stehenden Ärzten so reich entgegengebracht wurde. Er lebte in deren Welt der unmittelbaren Beobachtung des Lebens und fühlte sich wie sie als praktizierender Anwalt des Lebendigen.
Heute, in der Zeit der Bionik, haben sich die Orthodoxien in der naturwissenschaftlichen Betrachtung weitgehend ausgeglichen. Kausale und finale Betrachtungsweisen sind zu einer Frage der Blickrichtung – zurück oder vorwärts – geworden, ohne daß deren Berechtigung in Frage gestellt werden müßte.

Themen seiner medizinischen und biologischen Forschungen

Bier betonte, daß er der Medizin und der Philosophie die Einblicke in die Natur verdanke, die ihn veranlaßten – und offensichtlich auch befähigten –, das erfolgreiche Experiment des Sauener Waldes durchzuführen.

Dieser Zusammenhang weckt Interesse, wie Bier seinen ärztlichen Alltag meisterte und welchen Themen er sich in Forschung und Lehre zuwandte. Die unmittelbaren Anstöße, die er aus dem Befassen mit der Philosophie erhielt, lenken unseren Blick zudem auf die von ihm besonders geistesverwandt empfundenen philosophischen Lehren. Die Lehraufgaben des Ordinarius für Chirurgie machen verständlich, daß Bier nicht nur ihn besonders interessierende Themen behandelte, sondern auch Lehrbücher und chirurgische Operationslehren herausgab.
Die Themen der klinisch experimentellen Forschung lassen erkennen, wie sehr ihn immer wieder allgemeine medizinische Fragen und Grundfragen des Lebens beschäftigten. Aus der Fülle seien genannt: Die natürlichen Lebensreize, insbesondere deren Bedeutung für das Handeln des praktischen Arztes – Die Bedeutung der Entzündung und des Fiebers im Krankheitsgeschehen – Möglichkeiten der Regeneration – Die Hyperämie (Durchblutungssteigerung) als Heilmittel – Die Ruhigstellung von Teilen des Körpers oder des Gesamtorganismus als naturgemäßes Heilmittel – Die Ernährung als Heilfaktor. Mit der Erörterung einiger dieser Themen soll versucht werden, den geistigen Brückenschlag zu dem großen bionomischen Waldversuch nachzuvollziehen. Zugleich soll sie uns das ebenso lebensnahe wie exakte und selbstkritische Vorgehen des Forschers August Bier zeigen.

Entzündung und Fieber

In der mehrtausendjährigen Geschichte der Medizin ist es nicht gelungen, einen eindeutigen Standpunkt gegenüber den beiden wichtigen Krankheitssymptomen Entzündung und Fieber zu gewinnen. Sehen die einen in den beiden Vorgängen das Schädigende, gewissermaßen die Krankheit selbst, weisen die anderen darauf hin, daß diese vor allem als Ausdruck der vom Organismus aufgebrachten Abwehr gegenüber einem schädigenden Faktor, etwa einem bakteriellen Krankheitserreger, zu werten sind. Es liegt auf der Hand, daß die praktischen Folgerungen, die bei diesen gegensätzlichen Grundauffassungen gezogen werden, sehr verschieden sind: Im ersten Fall ist es die sofortige Bekämpfung von Entzündung und Fieber, im anderen die Überlegung, wie man die spontanen Abwehrvorgänge so lenken kann, daß sie sich voll auswirken, also zur Überwindung der Schädigung führen.
Die bemerkenswerte Tatsache, daß sich eine klare Einstellung gegenüber diesen Fundamentalvorgängen im Krankheitsgeschehen nicht durchsetzen konnte, ist nicht zuletzt auf die Neigung zurückzuführen, Randprobleme in den Mittelpunkt der Betrachtung zu stellen, und daß man den oft bequemeren Weg wählte, Entzündungs- und Fiebererscheinungen möglichst rasch zu unterdrücken. Das erste bedeutet eine Vertauschung von Ursache und Wirkung. Wir wissen durch reichliche experimentelle und klinische Erfahrungen mit der zu Heilzwecken künstlich herbeigeführten Überwärmung (z. B. dem ‹Fieberbad›), daß der Mensch Temperatursteigerungen bis 41–42° nicht nur unbeschadet verträgt, sondern daß hierdurch wichtige Anstöße zum Ingangsetzen von Heilungsvorgängen gegeben werden können. Wohl gibt es ‹Entgleisungen› der fieberhaften Reaktion mit Entwicklung extremer Temperaturen. Dies kann z. B. bei entzündlicher Reizung von Hirnzentren geschehen, denen bei der Regelung des Temperaturverhaltens wichtige Funktionen zukommen. Auf anderen Wegen kann beim Wundstarrkrampf der durch Muskelkrampf entstehende Wärmeüberschuß gefährliche Grade erreichen; doch diese Vorkommnisse sind äußerst selten und rechtfertigen nicht das routinemäßige Unterdrücken fieberhafter Reaktionen durch entsprechende Medikamente.
Zu den Folgen solchen Vorgehens gehört bekanntlich die Hemmung des Immunsystems, der Abwehrbereitschaft gegenüber neuen Infektionen.
Dem Bedürfnis nach rascher Linderung fieberbedingter Befindensstörungen kann mit einem einfachen, doch sehr wirksamen Programm der Wasserbehandlung entsprochen werden, ohne daß dabei körperliche Abwehrvorgänge gestört werden.
Dieser wichtige Problemkreis ärztlichen Handelns beschäftigte August Bier schon in jünge-

ren Jahren. Er vertrat kompromißlos die Auffassung, in den Vorgängen der Entzündung und des Fiebers die ‹natürlichen Heilmittel› des menschlichen Körpers zu sehen. Er richtete seine Behandlung danach aus, diese Abwehrvorgänge möglichst nicht zu unterdrücken. Wo sie – aus welchen Gründen immer – nicht auszureichen schienen, Heilung herbeizuführen, suchte er wichtige Teilvorgänge des Entzündungsvorganges künstlich zu verstärken. Oft versuchte er auch fieberhafte Reaktionen auszulösen, um schlummernde Reserven der Abwehr ins Feld zu rufen. Da ihm die in der herkömmlichen Medizin geübten Methoden verbesserungsfähig erschienen, verwandte er viel Mühe darauf, Verfahren zu entwickeln, die den vorhandenen überlegen erschienen. Im Abschnitt Hyperämie als Heilmittel wird davon berichtet. Zwei Jahre nach seiner Emeritierung griff Bier das Thema der Entzündung erneut auf, um in einer großen Arbeit noch einmal seine gesammelten Erfahrungen und tiefgründigen Überlegungen dazulegen. Er wurde nicht müde darauf hinzuweisen, daß die Fundamentalreaktion Entzündung nicht nur der Beseitigung von mikrobiellen Krankheitserregern dient, sondern auch auf anderen Wegen geschädigte und abgestorbene Gewebeteile auflöst. An seinem großen Erfahrungsgut mit der tuberkulösen Knochenentzündung konnte er zeigen, daß in den meisten Fällen selbst unter dem tuberkulösen Prozeß abgestorbene Knochenteile (Sequester) durch den Entzündungsvorgang aufgelöst werden.

Gerade das Beispiel der chronischen tuberkulösen Entzündung, die in der damaligen Zeit schwer zu befriedigenden Ergebnissen zu führen war, zeigt das zähe Ringen August Biers um die Entwicklung einer erfolgreichen nichtoperativen Entzündungsbehandlung. Eine Steigerung der örtlichen Durchblutung mit Hilfe von Wärmemaßnahmen pflegte sich hier nicht zu bewähren. Sie rief nicht selten sogar Verschlimmerungen des Prozesses hervor. Eine Durchblutungssteigerung mit Hilfe der von Bier entwickelten Stauungsbehandlungen konnte jedoch den Heilungsablauf verbessern. Freilich bedarf dieses Verfahren einer äußerst sorgfältig dosierenden Anwendungstechnik. Den entscheidenden Durchbruch zu guten Behandlungsergebnissen brachte aber erst die Einführung einer sinnvollen Allgemeinbehandlung. Die Verbesserung der Abwehrlage und der allgemeinen körperlichen Verfassung der Patienten durch systematisch durchgeführte Luft- und Sonnenbäder, vollwertige Kost sowie Übungsbehandlung der nicht ruhebedürftigen Körperpartien erwies sich hier als entscheidend. Es wurde möglich, die Zahl der zuvor üblichen chirurgischen Eingriffe wie Amputationen und Gelenkresektionen auf ein äußerstes Mindestmaß zurückzuführen.

‹Hyperämie als Heilmittel›

So lautete die zusammenfassende Arbeit August Biers über die Anregung der Durchblutung in erkrankten Organen als Behandlungsweg. Das Buch erschien in rascher Folge in mehreren Auflagen und machte den Autor weit bekannt. Der Titel wurde zu einer Devise, die über Jahrzehnte von den verschiedensten Seiten immer wieder aufgegriffen wurde. Der große Anklang, den die Arbeit fand, kam nicht nur von der großen praktischen Bedeutung des Themas. Viel mehr noch wirkte die überzeugende Art, in der der Autor Naturerscheinungen zu interpretieren verstand. Das Grundanliegen Biers wurde hier deutlich. An einem der wichtigsten Kapitel allgemeiner Krankheitslehre sollte gezeigt werden, wie die Natur heilt. Zugleich wollte Bier erörtern, wo im speziellen Fall die Grenzen der spontanen natürlichen Heilvorgänge zu sehen sind. Aus diesen Erfahrungen wurden klar formulierte Leitlinien für das praktische Handeln des Therapeuten abgeleitet.

Bier hatte sich schon frühzeitig (1891) mit den Möglichkeiten befaßt, Methoden der örtlichen Durchblutungssteigerung in der Chirurgie einzusetzen. Er wollte, wo irgend möglich, chirurgische Eingriffe überflüssig machen, indem er in der Entwicklung begriffene Entzündungsvorgänge auf diesem Wege zur Heilung führte. Auch wo ein – möglichst klein gehaltener – Eingriff erforderlich war, um die Entleerung von Eiter zu ermöglichen, setzte er danach sogleich mit der Hyperämiebehandlung ein. Es gelang ihm so, die Heilungsverläufe abzukürzen und die Regenerationsergebnisse zu verbessern.

Die ersten großen Untersuchungsreihen betrafen die Entzündung der Knochen (Osteomyelitis), der Gelenke und Sehnenscheiden. Der unmittelbar spürbare Erfolg der Behandlung waren jeweils die Schmerzbefreiung und eine Verbesserung des Allgemeinbefindens. Nicht so günstig wie bei den durch eitererregende Kokken (Staphylo-, Strepto-, Gonokokken) verursachten Entzündungen waren die Ergebnisse bei der Knochen- und Gelenktuberkulose. Hier brachte erst die Verbindung mit einer physikalisch-diätetischen Allgemeinbehandlung, später auch die Ergänzung durch Arzneimittel (Jod) die befriedigenden Ergebnisse.

Bier bediente sich zweier Verfahren zur Erzeugung örtlicher Durchblutungssteigerung: Mit Hilfe von Heißluftkästen erzeugte er die von ihm als arterielle Hyperämie bezeichnete Wirkung, durch sorgfältig gestuftes Abschnüren von Gliedmaßen mit einer elastischen Binde die Stauungshyperämie.

Die Hauptwirkungen der erstgenannten Methode sah er in der Auflösung krankhafter Ablagerungen und Verwachsungen vor allem in Gelenken. Als Schwerpunkt der Anwendung gab er die bakteriellen Entzündungen an, doch auch chronische rheumatische und degenerative Gelenkerkrankungen mit Neigung zur Versteifung. Weitere wichtige Wirkungen der ‹arteriellen Hyperämie› sah er in der Aufsaugung entzündlicher Ausscheidungen in Gelenken und Gewebsspalten sowie in einer Schmerzlinderung. Die Gesamtheit dieser Wirkungen ermöglichte, wo es zweckdienlich erschien, frühzeitig mit Bewegungsübungen zu beginnen.

Bier war zurückhaltend in der Annahme einer bedeutenden keimtötenden Wirkung der Hyperämie. Eher könnte hier ein unmittelbarer Erfolg der Hitzeentwicklung gesehen werden. Wir neigen heute dazu, der durch die Methode herbeigeführten Organüberwärmung einen beachtlichen Anteil an den therapeutischen Erfolgen zuzuschreiben. Kommt es doch hierdurch zu einer Anhebung praktisch aller biochemischen Aktivitäten.

Das zweite Verfahren der Durchblutungssteigerung, die nach ihm benannte Methode der Stauungshyperämie, hatte Bier in zahllosen Versuchen am Tier, an sich selbst, vor allem aber durch sorgfältige klinische Erprobungen zu einem sehr differenzierbaren Instrument entwickelt. Das Verfahren bediente sich einer wohlabgestimmten Hemmung des Rückstroms von Blut und Lymphe. Der Grad der Schnürung wird so gehalten, daß es infolge der größeren Blutfülle zu einer deutlichen Anschwellung der behandelten Extremität kommt. Die Haut verfärbt sich etwas rotbläulich und fühlt sich stets warm an. Zeichen zu starker Kreislaufbehinderung, nämlich Kälte, marmorierte Blaufärbung der Haut und der Erzeugung von Schmerzen, werden sorgsam vermieden. Die Behandlungsdauer wird individuell dosiert und im Äußersten bis zu 22 Stunden am Tage ausgedehnt. Durch Hochlagern der behandelten Gliedmaßen während der Stauungspausen und eine rumpfwärts gerichtete streichende Massage wurde der Entstauungsvorgang beschleunigt, die Aufsaugung von entzündlichen Ausschwitzungen erleichtert.

Außer durch elastische Binden wurde das Stauungsprinzip durch Sauggeräte verwirklicht. Neben den herkömmlichen Schröpfköpfen wurden hierzu den Körperformen angepaßte große Saugglocken verwendet und besondere stiefelförmige Geräte entwickelt.

Das Beispiel der Hyperämiebehandlung ist für die Denk- und Arbeitsweise August Biers besonders kennzeichnend. Das Thema der Entzündungsbehandlung beschäftigte ihn als Forschungs- und Entwicklungsaufgabe über vier Jahrzehnte. Ausgehend von der fundamentalen Erkenntnis, daß sich die Natur bei der Heilung infektiöser und rheumatischer Prozesse wie vieler anderer Krankheiten verstärkter Durchblutung der befallenen Organe bedient, ersann er Möglichkeiten, dieses Heilprinzip möglichst wirksam und anwendungsfähig zu verwirklichen.

Experimentelle und klinische Untersuchungen dienten dazu, die Richtigkeit des Konzeptes immer neu zu prüfen. Im Methodischen berücksichtigte er ebenso unvoreingenommen wie kritisch alles, was die Medizin seit dem Altertum bis in seine Zeit zu diesem Zweck ersonnen hatte. Um aufgefundene Lücken zu schließen, ersann er unermüdlich zusammen mit seinem Arbeitskreis neue methodische Verfahren.

Dabei war ihm die wohlfeile Anwendbarkeit auf breiter Basis ein wichtiges sozialhygienisches Anliegen.

Reiz und Reizbeantwortung in der Natur

Bier befaßte sich in langjährigen Studien mit der Steigerung der Abwehrleistungen des Körpers bei schweren Infektionen durch Anwendung des Glüheisens. Er griff damit ein schon in der hippokratischen Medizin gebrauchtes Mittel auf, um bedrohlich schwere Infektionen, vor allem Abszesse und Phlegmonen, zu behandeln. Durch den mächtigen Reiz der Gewebsverschorfung wollte er die Abwehrvorgänge, die sich in den klinischen Zeichen des Entzündungsprozesses widerspiegeln, anregen. Zugleich beabsichtigte er damit, Vorgänge der Wundheilung zu verbessern. Bier ging dabei so vor, daß er den Abszeß chirurgisch eröffnete, den Eiter und zugrunde gegangene Gewebe entfernte, um danach die Wundhöhle bis in alle Winkel auszubrennen.

Später dehnte er die Anwendung des Glüheisens auf die Behandlung innerer Organentzündungen nichteitriger Art aus, insbesondere die Entzündung des Herzens. Die Verschorfung wurde hier im gesunden Gewebe vorgenommen und sollte die Abwehrleistung des Körpers insgesamt anregen, um die Heilung schleppend verlaufender Entzündungsprozesse herbeizuführen.

1928 berichtete Bier vor der Berliner Medizinischen Gesellschaft über die Ergebnisse dieses Verfahrens bei 402 Patienten. Die Heilungsergebnisse waren bei den örtlichen Entzündungsvorgängen gut. Auch die Narbenbildung entwickelte sich jeweils überdurchschnittlich günstig. Bei den in der damaligen Zeit äußerst lebensbedrohenden Herzentzündungen (Endocarditis lenta) betrugen die Heilungsquoten etwa 50%.

Während des letzten Krieges (1941) ergriff der hochbetagte August Bier noch einmal das Wort in medizinischen Zeitschriften, um auf die Anwendung des Brenneisens bei infizierten Kriegsverletzungen hinzuweisen. Sein Schüler Karl Vogeler hatte zuvor über seine guten Erfolge bei der Versorgung Verwundeter mit Steckschüssen berichtet. Diese Versuche der Entzündungsbehandlung erfolgten in der ‹vorantibiotischen Ära›, also in der Zeit, in der die Gruppe der innerlich zu nehmenden antibiotischen noch nicht zur Verfügung stand.

Die bei den umfangreichen objektiv beobachteten und berichteten Versuchen erzielten Ergebnisse waren ein beachtlicher Erfolg. Dieser klinische Versuch kennzeichnet das ärztliche Denken und Handeln von August Bier. Er beabsichtigte nicht die Abtötung entzündungsverursachender Bakterien durch Hitze – dies wäre so gar nicht möglich –, sondern eine zusätzliche Aktivierung der körpereigenen Abwehr durch Produkte der Gewebsverbrennung. Somit eine Überhöhung der infektbedingten Entzündungsreize. Es ist dabei das Ziel, die Antworten (‹Reaktionen›) des Körpers zu steigern. In der Tat wurde nach dem Eingriff zumeist ein Stadium heftigerer Entzündung, oft auch mit einem Fieberschub und Schweißausbrüchen, durchlaufen. Der Kranke blieb dabei jedoch weitgehend schmerzfrei. Schlaf und Appetit stellten sich bald wieder ein, so daß der Krankheitsverlauf als gut verträglich empfunden wurde.

Manche Versuche von August Bier mit Hilfe natürlicher oder künstlich gesetzter Reize bestimmte Heilungsvorgänge auszulösen, sind durch inzwischen entwickelte neue Behandlungsmöglichkeiten nicht mehr aktuell. Oft bedeutet diese Entwicklung jedoch nur eine Verlagerung der Schwerpunkte des Verfahrens, etwa von den bakteriell verursachten zu den virusbedingten Infektionen.

Das von Bier empfohlene Vorgehen hat über den speziellen Fall hinausgehend eine allgemeine zeitlose Bedeutung für unser therapeutisches Denken. So kann eine Behandlung, die über die Steigerung der körpereigenen Abwehr zur Überwindung eines Infektes führt, oft höher eingeschätzt werden als das Überwinden eines akuten Infektes durch die Anwendung antibiotischer Mittel. Dies gilt z. B., wenn der Erfolg hier mit einer Leistungsminderung des Abwehrsystems oder auch nur dem Ausbleiben der Feiung gegenüber neuen Infektionen verbunden ist.

Reizbarkeit ist eine der wesentlichen Eigenschaften der Lebewesen. Durch – oft sehr genau bestimmte – Reize werden Erregungen ausgelöst, die das dynamische Gleichgewicht von Lebensabläufen verändern. So wirken Umweltreize wie Licht, Kälte, Wärme auf Funktionen und Gestalt der Organismen ein. Doch auch willkürlich bestimmte Verhaltensweisen des Menschen können Reize erzeugen, die Funktionssteigerungen oder andersgeartete Veränderungen der körperlichen Verhältnisse veranlassen. So führt die willkürlich durchgeführte Anspannung von Muskeln zu deren Kräftigung und Massezunahme.

Im Ablauf sich selbst regelnder Funktionskreise, etwa der Atmung, des Kreislaufs oder Wärmehaushalts sind jeweils bestimmte Reize als Auslöser wirksam, um durch Leistungsveränderungen das System den jeweiligen Erfordernissen anzupassen. So regt die Zunahme der Kohlensäurespannung des Blutes die Leistungen der Atemorgane und des Kreislaufs an. Dies erfolgt offenbar mit dem Ziel, eine hier aufgetretene Leistungsschuld auszugleichen.

Das Ansteigen des Blutzuckers wird zur Ursache für die vermehrte Ausschüttung des den Blutzuckerspiegel regulierenden Insulins. So wird das vielfältige Wechselspiel von Reiz und Reizbeantwortung zu einer wichtigen Grundlage des Lebens schlechthin. Der verständnisvolle Umgang mit diesen Reizen gibt dem Arzt Möglichkeiten, wo erforderlich, anregend oder dämpfend in Lebensabläufe einzugreifen.

Die Beziehung zwischen Art und Stärke von Reizen und deren Beantwortung durch lebende Organismen sind seit langem Gegenstand intensiver Forschung in der Medizin und anderen biologischen Wissenschaften. Man pflegt mit Rudolph Virchow und dem Hallenser Anatomen W. Roux (1850–1924) von adäquaten funktionellen Reizen zu sprechen, wenn ein physikalischer oder chemischer Reiz jeweils von bestimmten Geweben oder Organen in einer spezifischen Weise beantwortet wird. Solche Beziehungen zwischen Reiz und spezifischen Reizerfolgen pflegen das Ergebnis in langen Stammesentwicklungen vollzogener Anpassungsvorgänge zu sein. Unsere Kenntnisse über diese Zusammenhänge sind auch heute keineswegs lückenlos. August Bier fand daher ein weites Feld für allgemeine Forschungen und klärende Beobachtungen im Sinne der Grundlagenwissenschaft. Der tägliche Umgang des Arztes mit solchen Reizen erfordert darüber hinaus ein ständiges Einpassen in die Bedingungen des Einzelfalles: Berücksichtigung von allgemeiner Konstitution und augenblicklicher Körperverfassung eines Menschen, der Verlaufsphase eines Krankheitsprozesses und vielem anderen, was die individuelle Reizbeantwortung beeinflußt.

Bier gehörte zu den wenigen Klinikern seiner Zeit, die den natürlichen Lebensreizen von Luft und Sonne ihren wichtigen Platz in der Krankheitsbehandlung zuerkannten. Zum unmittelbaren Anlaß für ein Handeln in dieser Frage wurden die von Knochen- und Gelenktuberkulose Befallenen, deren Schicksal zu den großen gesundheitlichen und sozialen Sorgen seiner Zeit gehörte. Die Heilerfolge bei diesen – aufschlußreich als ‹chirurgische Tuberkulose› bezeichneten – Krankheiten befriedigten Bier nicht. Hatten doch die damals üblichen Operationen oft Verstümmelungen zur Folge, die eine lebenslange Belastung bedeuteten.

Durch die wohldosierte Einwirkung der Lebensreize des Lichtes, der Luft, einer vollwertigen Ernährung, durch Ruhigstellung des entzündeten Körperteils, verbunden mit gymnastischen Anregungen der gesunden Körperpartien, wurden günstige Bedingungen zur Selbstüberwindung des tuberkulösen Infekts geschaffen. Dabei pflegten die Kranken zugleich in ihrer allgemeinen Körperverfassung aufzublühen. Durch Biers Initiative wurden im Weichbild Berlins Heilstätten für solche Patienten geschaffen. Bier konnte hier die Leistungsfähigkeit dieser Behandlungsart auch unter den Klimabedingungen des Flachlandes beweisen.

Der Gedanke, ein festgefahrenes Heilungsgeschehen mit Hilfe wohldosiert angewandter Reize voranzutreiben, wurde von Bier in vielfacher und oft origineller Weise verwirklicht. Daß man hierbei zuweilen eine chronische Krankheit in eine akute Phase überführen mußte, wurde von ihm bewußt in Kauf genommen. Er wich damit freilich von der verbreiteten Gepflogenheit ab, lästige Krankheitserscheinungen um jeden Preis möglichst schnell ‹zuzudecken›, also unmittelbar entzündungs- und fieberunterdrükkend vorzugehen. Bei der von ihm wieder aufge-

griffenen und eingeführten Reizkörpertherapie ging er kühn vor, indem er mit der Übertragung von Tierblut mächtige Reaktionen des ganzen Körpers auslöste, um eine Umstimmung im Sinne des Anfachens stagnierender Heilungsvorgänge zu erreichen. Auf ähnlicher gedanklicher Grundlage beruhen die Einspritzungen von Milch oder Terpentin in die Muskeln.
Aus dem Nachdenken über die natürlichen Lebensreize entstanden die von Bier entwickelten Verfahren der Durchblutungssteigerung. Die nach ihm benannte Stauung von Blut und Lymphe bediente sich der Anschoppung der kreisenden Körpersäfte. Die hierdurch entstehende Anreicherung des Blutes und der Gewebe mit Kohlensäure und anderen Endprodukten des Zellstoffwechsels wird zum Reiz, der vom Körper mit einer Durchblutungssteigerung beantwortet wird.

Wesen und Grenzen der Regeneration

Die Frage nach den Möglichkeiten und wahren Grenzen der Organregeneration beim Menschen hatte August Bier über Jahrzehnte kritisch verfolgt. Er prüfte diese durch zahllose Experimente und ständiges Beobachten in der chirurgischen Praxis, bevor er sich in den Jahren 1917–1922 mit einer Serie von mehr als 20 Abhandlungen zusammenfassend darüber äußerte.
Wegen der erheblichen Unterschiede des Regenerationsvermögens in der Natur, speziell innerhalb der Tierreihe, ist das Thema zugleich von hohem allgemeinbiologischem Interesse. Gibt es doch selbst niedere Wirbeltiere, die verlorengegangene Gliedmaßen neu zu bilden vermögen.
Die zähe Ausdauer, mit der Bier seine Untersuchungen verfolgte, entsprang der Überzeugung, daß es durch weitere Erforschung der formbildenden Reize gelingen würde, die Ergebnisse der Organregeneration zu verbessern.
Zweifellos hängt das Schicksal der Lebewesen oft weitgehend von der Fähigkeit ab, durch mechanische Einwirkungen, toxische Einflüsse, Alterungsvorgänge oder andere Ursachen entstandene Organschäden mit möglichst geringem Funktionsverlust auszugleichen.
Die Fähigkeit der Organregeneration beruht auf einer auch innerhalb der Arten unterschiedlich entwickelten Fähigkeit der Gewebsneubildung. Diese kann das Nachwachsen von Zellkomplexen beim Verlust größerer Organteile betreffen, etwa an Knochen, Sehnen, Muskeln oder Haut. Es handelt sich aber auch um den Zellersatz in mikroskopischen Ausmaßen, wenn in den Strukturen eines geschädigten Organs verstreut einzelne Zellen oder Zellgruppen zu ersetzen sind. Letzteres kann z. B. bei einer toxisch oder durch Verfettung geschädigten Leber der Fall sein.
Die Ermittlung der Regenerationsfähigkeit von Organgeweben macht die genaue Differenzierung der erzielten Abheilungsergebnisse erforderlich. Gilt es doch scharf zu unterscheiden zwischen Narben, Ersatzgewebe und wirklichen Organregeneraten. Diese erstgenannten – es handelt sich um derbe Bindegewebe – haben oft sehr unerwünschte Eigenschaften, wie die Neigung zu schrumpfen, benachbarte Organe miteinander zu verlöten oder anhaltend schmerzempfindlich zu sein. Das neugebildete Bindegewebe läßt dagegen die spezifischen Funktionseigenschaften einer Organzelle, etwa eines Muskels oder einer Drüse völlig vermissen.
Bier legte sehr strenge Maßstäbe an bei der feingeweblichen und mikroskopischen Kennzeichnung der gebildeten Regenerate. Seine Forschungsergebnisse wurden daher von dieser Seite sehr stichhaltig.
Ein wichtiger Ausgangsort für die Regenerationsforschung Biers war das von dem Physiologen E. F. Wilhelm Pflüger 1877 formulierte ‹teleologische Kausalgesetz›. Es lautet: «Die Schädigung ist zugleich die Ursache der Entfernung der Schädigung.»
In dieser Sicht galt es zu prüfen, welche besonderen Faktoren im Ablauf eines Schädigungsprozesses und des sich daran anschließenden Heilungsvorganges auf das Regenerationsgeschehen einwirken. Aus den gewonnenen Erkenntnissen über die Eigenschaften der formbildenden Reize wie auch etwaiger Störfaktoren im Regenerationsablauf sollten praktische Folgerungen abgeleitet werden.
Bei der Suche nach Einflüssen, die den Regenerationsvorgang steuern oder begünstigen, bot

sich eine Reihe von Faktoren an, die von Bier untersucht und in ihrer Bedeutung gewertet wurden.
Bier maß den Ernährungsbedingungen der geschädigten Gewebe bei der Wundheilung und bei der Unterstützung der Organregeneration eine beachtliche Bedeutung zu. In den Abbauprodukten körpereigenen Eiweißes meinte er das günstigste Milieu zur Entwicklung von Organregeneraten zu sehen, so in Wundsekreten, im Serum, Eiter und – mit Einschränkungen – im Bluterguß. Auch die Wirkung der oft von ihm angewandten Einspritzung artfremden Blutes erklärte er durch den hierbei eintretenden Abbau von fremdem zugleich aber auch von körpereigenem Eiweiß. Viele andere von ihm geprüfte ‹Nährböden› für Gewebe bewährten sich dagegen nicht.
Die chirurgische Behandlungstechnik wurde von ihm unter Beachtung dieser Gedanken gestaltet.
Bier behandelte das schwierige Thema der Regeneration in einer oft völlig neuen Betrachtungsweise. Mit seinen kühnen Deutungen und Formulierungen rief er einen lebhaften Meinungsstreit hervor. Wie oft in seinem Leben schöpfte Bier aus der genauen Beobachtung von Erscheinungsbildern und deren Deutung Vorstellungen, die ihrer Zeit vorauseilten und wohl auch bei dem damaligen Wissensstand noch nicht genügend begründbar waren. In seinen Arbeiten tauchten Gedanken auf, die verdienen, wieder aufgegriffen und weiterentwickelt zu werden. An nur zwei Beispielen sei dies näher beleuchtet. Die Kennzeichnung der bindegewebigen Narbe als möglichst weitgehend zu vermeidendes Abheilungsergebnis wurde von Bier weit klarer und differenzierter formuliert, als es der Einschätzung in seiner Zeit entsprach. Mehrere Jahrzehnte später wurde durch umfangreiche morphologische und physiologische Untersuchungen bestätigt, welche große Bedeutung der Narbe als Störfaktor für das Nervensystem und als Krankheitsherd zukommen kann. Ein neues Behandlungsverfahren, die ‹Neuraltherapie›, gründete weitgehend auf den Erkenntnissen über die mögliche Bedeutung von Narben als Krankheitsursache.
Die Ansicht, daß hormonelle Einwirkungen eine überragende Bedeutung bei der Regeneration zukomme, hat inzwischen eine Stützung erfahren. In dem Wachstumshormon (STH) des Hirnanhangs wurde ein Hormon entdeckt, das in Wachstums- und in Regenerationsprozesse eingreift. Es fördert speziell die Eiweißanlagerung in den Geweben. Es wäre eine dankbare Aufgabe festzustellen, wie weit die von Bier genannten Reize zur Regenerationsförderung die Bildung von ‹anabolen› Wirkstoffen erhöhen und auf diesem Wege dem Stoffansatz in den Geweben dienen.
Bier beschränkte seine Regenerationsforschungen auf die Bewegungsorgane: Knochen, einschließlich Knochenhaut und Knochenmark, Sehnen, Schleimbeutel und Muskeln sowie auf das Hautorgan. Das wichtigste Ergebnis der Arbeiten war der Nachweis, daß es möglich ist, an den genannten Organen nicht nur Narben bzw. minderwertiges Ersatzgewebe, sondern auch wahre Regenerate zu erzielen. Die neugebildeten Gewebe waren den ursprünglichen Organgeweben formgleich und hatten deren Funktionseigenschaften. Damit korrigierte Bier die damals herrschende Lehrmeinung. An der Haut gelangen die an den Bewegungsorganen erzielten Regenerationserfolge jedoch nicht.
Die Fülle der in den Originalarbeiten enthaltenen Gedanken, Beobachtungen und Schlußfolgerungen gibt ein besonders gutes Bild von der Arbeitsweise des Forschers August Bier.

Die Stellung zur Homöopathie

August Bier trat in reifen Jahren mit einer Reihe ausführlicher Abhandlungen über die Homöopathie in der vielgelesenen Münchner medizinischen Wochenschrift an die Öffentlichkeit. Er zog damit Bilanz über jahrzehntelange eigene praktische Erfahrungen, Literaturstudien und tiefgründiges Nachdenken über diesen Zweig der Medizin. Die Stimme des bekannten Chirurgen in der umkämpften Frage ‹Wie sollen wir uns zur Homöopathie stellen?› erregte unter den Ärzten und in weiteren Kreisen unerhörtes Aufsehen.
Die Anfänge des Nachdenkens über die Grundsätze der Homöopathie gehen in die Greifswalder Zeit Biers zurück. Wie schon erwähnt, war

es die Begegnung mit dem Pharmakologen Hugo Schulz, der durch sein Interesse für die Bedeutung der Reizgrößen in der Biologie und Medizin auch auf die Homöopathie wegen ihres Umganges mit kleinsten Arzneidosen eingehen mußte.

Mit der Unvoreingenommenheit der großen Naturforscher ging Bier an das – nicht leichte – Studium der Schriften Samuel Hahnemanns (1755–1843), des Begründers der Homöopathie. Er ließ sich weder durch Ungereimtheiten, häufigen Meinungswechsel oder Übertreibungen noch durch den schwer zu ertragenden polemischen Stil gegenüber den Vertretern der Schulmedizin abhalten, die grundlegenden Gedanken des genialen Meisters der Homöopathie zu studieren.

Bier konzentrierte sich bewußt auf die beiden theoretischen Fundamente der Homöopathie: die Ähnlichkeitsregel und das Prinzip der kleinsten Dosen (= Reizgrößen). Bewußt schob er das Gestrüpp kleinlicher Streitereien um zweitrangige Fragen beiseite, das vor allem bei Epigonen Hahnemanns oft die Sicht für das Wesentliche verstellte. Es war für ihn selbstverständlich, das homöopathische Prinzip über die Arzneibehandlung – hinausgehend auch auf physikalische Reize und andere, insbesondere physiotherapeutische, Behandlungsmethoden – anzuwenden. In seiner Auffassung, daß die Mittel der Homöopathie als Reiz für das Ingangsetzen der Abwehrvorgänge im menschlichen Organismus wirken, fühlte sich Bier vor allem durch eigene Arbeiten über die Heilwirkungen des Äthers und anderer wichtiger Mittel bestätigt.

Die Ähnlichkeitsregel der Homöopathie sagt bekanntlich, daß Mittel, die in größeren Mengen genommen werden, bestimmte Erscheinungen auslösen, therapeutisch wirken, wenn die Zeichen ihres ‹Arzneibildes› den Symptomen eines Kranken ähneln. Voraussetzung ist die richtige Dosierung des Mittels.

Die durch mancherlei Beobachtungen gestützte These geht davon aus, daß die Krankheitszeichen Ausdruck von Heilungsvorgängen sind. Durch Förderung der das Heilungsbestreben widerspiegelnden Abläufe wird die Gesundung unterstützt. Die vielschichtige Bedeutung der Krankheitszeichen bleibt dabei zunächst außer acht, insbesondere die wichtige Frage, wie weit ein Symptom Ausdruck der Abwehr oder aber eines Leistungsversagens des Organismus ist.

Die zweite wichtige Regel der Homöopathie betrifft die von der Arzneimittelverordnung der Allopathie zumeist abweichende Dosierung. Die Wirksamkeit kleiner und kleinster ‹homöopathischer› Dosen ist immer wieder Anlaß zur Polemik zwischen den unterschiedlichen Richtungen in der Medizin geworden. Bier erkannte die Wirksamkeit von Arzneidosen in der von der Homöopathie angewandten Größenordnung. Er stützte sich dabei ebenso auf allgemeine biologische Erfahrungen, etwa über die Reizbarkeit der sensorischen Organe bei Tier und Mensch durch praktisch nicht meßbar kleine Substanzmengen, aber auch auf experimentelle Erfahrungen, wie sie von Hugo Schulz gesammelt wurden. Dieser konnte in Kulturversuchen zeigen, daß Gifte, die in höherer Konzentration die Entwicklung von Hefezellen hemmten, in geringer, ‹homöopathischer› Dosierung deren Wachstum erheblich steigerten; also eine Bestätigung der Arndt-Schulzschen Regel von der unterschiedlichen biologischen Wirkung der Reizintensitäten. Bier konnte darauf hinweisen, daß schon zu seiner Zeit von der ‹Allopathie› mit Arzneidosen gearbeitet wurde, die den in der Homöopathie üblichen Konzentrationen entsprachen. Freilich pflegte diese Tatsache nicht erwähnt zu werden.

In ausgedehnten Untersuchungsreihen am gesunden und kranken Menschen, darunter vielen Selbstversuchen, befaßte sich Bier mit den dosisbedingten Unterschieden der Arzneiwirkung. Er betonte die Abhängigkeit der Arzneidosen vom Charakter der Krankheit (ob akut oder chronisch), von ihrem Verlaufsstadium, aber auch von der Konstitution des Patienten. Der von der Medizin während der letzten 150 Jahre zweifellos vernachlässigte Konstitutionsbegriff als gestaltender Faktor für das gesundheitliche Schicksal des Menschen wurde von Bier auch auf diesem Gebiet betont. Seine Einstellung zu den genannten Fragen war das Ergebnis intensiver eigener Beobachtungen.

Die Haltung August Biers gegenüber der Homöopathie war konstruktiv kritisch. Wohl selten hat ein Arzt die Stellung der Homöopathie so sachlich erörtert wie er. Dies gilt in gleicher Weise für die Bewertung der wissenschaftlichen Grundlagen wie der durchschnittlichen Anwendungspraxis und der Stellung in der Gesamtmedizin. Er warf der Homöopathie vor, weitgehend versäumt zu haben, ihre Lehre mit wissenschaftlichen Methoden zu beweisen und weiter zu entwickeln, sie schlechthin nicht zur Wissenschaft erhoben zu haben. Zu diesem Vorwurf gehört die fast ausschließliche Berücksichtigung subjektiver Symptome beim Ermitteln der Arzneiwirkungen. Bier betrachtete es als Versäumnis, die naheliegenden Beziehungen zur Allergie, der Überempfindlichkeitsreaktion auf oft kleinste Stoffmengen, nicht ausgebaut zu haben. Er vermißte eine gründliche Bearbeitung der Beziehungen zur Isopathie, d. h. der Behandlung nicht mit wirkungsähnlichen Mitteln, sondern mit den Krankheitsauslösern selbst. Dieser Gedanke war schon zu Hahnemanns Zeiten aktuell, etwa durch die von Jenner 1796 vorgenommene Schutzimpfung mit Hilfe von Kuhpockenvakzinen.

Aus heutiger Sicht wären die Erfahrungen der ökologischen Medizin über die Wirksamkeit kleinster Stoffmengen aus dem Umfeld des Menschen als Krankheitsursache hinzuzufügen. Ein Brückenschlag zu Forschungen im Sinne der homöopathischen Arzneimittellehre bietet sich auch hier an.

August Bier leistete mit seinem Arbeitskreis selbst ein Stück homöopathischer Grundlagenforschung. Er tat dies ebenso einfallsreich wie praxisbezogen, dazu mit den Möglichkeiten genauer Erfolgsbeobachtung. Neben einer von ihm ins Leben gerufenen ‹homöopathischen Prüfungsgesellschaft› stand ihm sein großer klinischer Apparat zur Verfügung, der es gestattete, in umfangreichen Versuchsreihen unter genauen Labor- und klinischen Kontrollen zu arbeiten.

Dem Chirurgen Bier lag es nahe, vom ‹Arzneibild› des Äthers auszugehen, einem Mittel, das dem Operateur aus seiner täglichen Beobachtung am mit Äther narkotisierten Patienten allzu geläufig war. Nur wenige Stoffe waren damals – vor allem in England – experimentell und klinisch so gründlich in ihren Wirkungen studiert worden wie der Äther. An einer Gruppe freiwilliger Probanden ließ Bier die objektiven und subjektiven Symptome nach Einspritzen eines Äther-Öl-Gemisches registrieren. Aus den klinisch bekannten und experimentell bestätigten Reizerscheinungen an den Luftwegen leitete er eine Behandlung der akuten Bronchitis und der Lungenentzündung (Bronchopneumonie) ab und wandte diese erfolgreich an klinischen wie ambulanten Patienten an.

Die bei der experimentellen Wirkungsprüfung des Äthers im Vordergrund stehende Durchblutungssteigerung der Lungen bzw. Bronchien und die eintretende Erhöhung der Körpertemperatur waren für Bier eine Bestätigung, daß zwei der wichtigsten Vorgänge bei natürlichen Heilungsprozessen angesprochen wurden. Er beschreibt die Wirkung des Mittels als ‹gewöhnlich in Bruchteilen einer Stunde auftretende zauberhafte Wirkung auf das Befinden der Kranken und ... den sofortigen Umschwung der Krankheit zum Besseren›.

Große Untersuchungsreihen widmete er der Bewährung des Jods als Mittel zur vorbeugenden Behandlung des Schnupfens. Durch häufige Nasenkatarrhe selbst belästigt, konnte er gut am eigenen Körper studieren, wie es gelang, die Anfälligkeit der Nasenwege weitgehend zu mindern.

Ein drittes, schon in der alten Medizin hochgeschätztes und von der Homöopathie übernommenes Mittel bezog Bier in seine klinischen experimentellen Forschungen ein: den Schwefel. Unter Erarbeitung sehr exakter Regeln gelang es ihm, die Wirksamkeit dieses Mittels, insbesondere bei der Furunkulose zu belegen.

Bier bekannte sich nicht als ‹homöopathischer Arzt›, doch er trat energisch und beredt für die Berechtigung homöopathischer Prinzipien in der Medizin und Biologie ein. Er sah in diesen vor allem eine Bereicherung unserer therapeutischen Möglichkeiten.

Mischwald im Herbst. Rechts im Bild ein Wildgatter.

August Biers Stellung zur Medizin seiner Zeit und im öffentlichen Leben

August Bier entzündete, wie wenige Ärzte seiner Zeit, heftige Diskussionen um grundsätzliche Fragen in der Medizin, der allgemeinen Biologie und in der Wissenschaftslehre. In der Stellung zu ihm schieden sich oft geradezu die Geister. Auf der einen Seite erntete er begeisterte Zustimmung und erwarb sich Anhängerschaft und Verehrung wie wenige, andererseits weckte er heftigen Widerspruch, teils von Chirurgen, teils von Wissenschaftstheoretikern. In dieser Szene spiegelt sich ein Stück Zeitgeschichte wider. Mit ihren Hintergründen gehen diese Auseinandersetzungen daher über einen persönlichen Meinungsstreit weit hinaus.

August Bier galt als einer der bekanntesten Wissenschaftler in den ersten drei Jahrzehnten unseres Jahrhunderts. Seine hervorragende Stellung im öffentlichen Leben war nicht nur bestimmt durch seinen Ruf als Chirurg oder Rang und Umfang seiner wissenschaftlichen Arbeiten. Es waren auch der eigenartige Reiz der Persönlichkeit und seine Bereitschaft, sich aus innerer Verantwortung für die dringenden Lebensfragen der Zeit einzusetzen.

Bier läßt sich nicht als typischer Vertreter einer medizinischen Richtung oder politischen Gruppierung einordnen. Er war zu eigenständig, um sich einem ‹ismus› bedingungslos zu verschreiben. Die stolze Devise eines Paracelsus ‹alterius non sit, qui suus esse potest› könnte auch für ihn gelten.

Suchen wir nach den Kräften, die sein Denken und Handeln ganz vorwiegend bestimmen, so müssen wir auf fundamentale Erkenntnisse zurückgehen, die er beim nachdenklichen Beobachten der Natur gewann. Gewiß bedeuteten für ihn die Lehren der griechischen Philosophen, vor allem der vorsokratischen Zeit, tiefgründige Wahrheiten, die ihn immer von neuem anregten. Dadurch, daß er jede Aussage wiederholt und von veränderten Standpunkten betrachtend zu überprüfen pflegte, gewannen diese an Tiefe, Beziehungsreichtum und Originalität.

Der Natur ihr Verfahren abzulauschen, war für ihn der wichtigste Erkenntnisgewinn und zugleich Wegweiser zu einer Fülle von praktischen Lösungen für Aufgaben in der Medizin und Biologie.

Aus der sehr betonten Orientierung an den Gesetzen des Lebens ergaben sich verständlicherweise Abweichungen von manchen überkommenen oder auch modehaft flüchtigen Gepflogenheiten in der Medizin.

Die Chirurgie pflegt in der Öffentlichkeit nicht gerade als Zweig der Naturheilverfahren verstanden zu werden. Kurz nach dem Ersten Weltkrieg fand im preußischen Landtag bzw. in der ‹Gesetzgebenden preußischen Landesversammlung› eine heftige Debatte statt, bei der das Fehlen staatlicher klinischer Einrichtungen für die Naturheilverfahren gerügt wurde. Bier klagte später einmal darüber, man habe hier gar nicht zur Kenntnis genommen, daß mit seiner 250-Betten-Klinik ja die größte Naturheilklinik existiere, die es je gegeben habe. So sehr fühlte sich der Chirurg Bier als Vertreter der naturnahen Heilmethoden. Aus mehreren Gründen war er hierzu berechtigt. Hatte er doch in der Erforschung der natürlichen Heilungsvorgänge stets eine seiner dringlichsten wissenschaftlichen Aufgaben gesehen. In seinem ärztlichen Alltag stellte er sich immer wieder die Frage, ob er sich mit seinem Behandlungsprogramm auf den Bahnen natürlicher Krankheitsüberwindung bewege. Sodann hatte er wie wenige andere viel Zeit und Mühe darauf verwandt, die Methoden der natürlichen Heilweisen kritisch zu prüfen und diese auch durch eigene Entwicklungen zu bereichern.

Unter den Fachkollegen galt Bier als konservativ, d. h. nicht operationsfreudig eingestellter Chirurg. Seine lebensgesetzlich orientierte Haltung als Therapeut stellt ihn in die Nähe jener Richtung in der Medizin, die wir heute als Physiotherapie bezeichnen. So wurde der Wissenschaftler August Bier übrigens auch von seinen Kollegen in der Berliner Fakultät eingeschätzt. Als Franz Schönenberger – gegen den heftigen Widerstand der Berliner Fakultät – 1920 zur Lehrvertretung der Naturgemäßen Heilweisen eingesetzt wurde, erklärte der Ordinarius für innere Medizin, daß für diese Richtung ja bereits August Bier wirke.

Bier bemühte sich, auch fachlich schwierige Sachverhalte in einem verständlichen Deutsch auszudrücken. Er sagte gelegentlich, wie viel Mühe er gerade hierfür verwandte.

Solches Bestreben wird bekanntlich in der Wissenschaft durchaus nicht immer geachtet, doch dürfte die Volkstümlichkeit Biers nicht zuletzt hier eine ihrer Wurzeln haben. Dies gilt auch bei denen, die im Alltag ärztlicher Praxis standen.

Die Vorlesungen Biers gehörten zu den meistbesuchten der Berliner Universität. Sein klinischer Unterricht war sachlich fundiert, das Kolleg lebendig und didaktisch hervorragend entwikkelt. Im Vergleich der beiden chirurgischen Ordinarien der Berliner medizinischen Fakultät ging unter den Studenten das Wort: «Wer etwas erleben will, geht zu Sauerbruch, wer etwas lernen will, zu Bier.»

Die ungewöhnliche Verehrung, deren sich August Bier erfreute, rührte daher, daß jeder in ihm den Könner spürte, der fähig und bereit war, sich über dogmatische Beschränkungen hinwegzusetzen, ein Mann, der auf grundsätzlichen Erkenntnissen fußte und der – Dialektiker im besten Sinne des Wortes – in der Lage war, seine Standpunkte überzeugend zu entwickeln. Unterlaufene Irrtümer oder Mißerfolge gestand er stets freimütig ein. Bier scheute sich nicht, auch Tabus anzusprechen. Aber er verstand es, den Ratlosen und Suchenden Richtung zu geben durch Rückführung zu den wesentlichen Quellen. So kamen unter seinen Hörern die zu ihrem Recht, die, mitten in der ärztlichen Praxis stehend, etwas unmittelbar Anwendbares suchten, wie die Studenten, denen an einer anschaulichen und begreifbaren Einführung in die Klinik gelegen war, und alle, die über die fundamentalen Fragen des Lebens nachzusinnen geneigt waren.

Nimmt man hinzu, daß Bier trotz allen glanzvollen Lebenserfolgen stets ein gütiger aufrechter Mann von unerschütterlicher Überzeugungstreue blieb, so wird verständlich, daß er für viele Ärzte der Schülergeneration zur Symbolfigur eines vorbildlichen Arztes und Lehrers wurde.

Die Stellung August Biers unter den Vertretern der Hochschulwissenschaft wirft einige Schlaglichter auf die Verhältnisse in diesen Kollegien. Dies wurde zum ersten Mal deutlich, als 1907 die Berufung Biers auf den freigewordenen Berliner Lehrstuhl für Chirurgie anstand. Den Protokollen der Fakultätssitzung ist zu entnehmen, daß Bier offenbar in der Wahl seiner wissenschaftlichen Themen und in seinen Aussagen auf medizinischem und philosophischem Gebiet zuviel Eigenständigkeit gezeigt hatte, als daß man seiner Berufung zustimmten wollte. Man konnte sich nicht einigen, so daß das Preußische Kultusministerium sich veranlaßt sah, das zeitlich drängende Problem selbständig zu lösen, indem es den Ordinarius kurzerhand von der Universität Bonn nach Berlin versetzte.

Dieser den jeweiligen Lehrmeinungen nicht selten widersprechende Lehrvertreter der Chirurgie war oft unbequem. Seine wissenschaftlichen Vorträge und Veröffentlichungen lösten mit ihren oft neuen und ungewohnten Aspekten lebhafte Diskussionen aus. Der Versuch, ihn als ‹Mystiker› zu kennzeichnen, wollte jedoch nicht recht überzeugen. Bewies doch Bier täglich in der Klinik und am Operationstisch, welch hohe Ansprüche er an die Fähigkeit zu exakter Naturbeobachtung und -deutung wie überhaupt an die logische Folgerichtigkeit eines wissenschaftlichen Urteils stellte. Zudem verstand er seine Meinung ebenso geistvoll wie freimütig und überzeugend darzulegen. So wurde Bier von seinem Berliner Lehrstuhl aus zu einem Anreger für die Medizin seiner Zeit, der immer wieder für eine Rückbesinnung auf Fundamente der biologischen Wissenschaft sorgte. Er nahm es auf sich, manchem Unverständnis zum Trotz, auf die zeitlosen Erkenntnisse der Philosophen und Ärzte des klassischen Altertums hinzuweisen. Bier hatte übrigens gar nichts dagegen, ein Mystiker genannt zu werden, wenn es die Bedeutung dieses Wortes ist: «Ich schaue nach innen.»

Der internationale Ruf August Biers gründete auf einer Reihe richtungweisender wissenschaftlicher Arbeiten bzw. Neuschöpfungen. So ist er der Begründer der Lumbalanästhesie, einer Methode zur örtlichen Betäubung der unteren Körperhälfte, durch die hier Operationen ohne Allgemeinnarkose ermöglicht wurden. Bier führte 1899 den ersten Versuch an sich selbst durch. Er wollte im Eigenerleben die Ertragbarkeit und die speziellen Wirkungen des Verfahrens prüfen. Es stand ihm damals als Betäubungsmittel nur das Kokain zur Verfügung, ein Stoff, der weit giftiger wirkt als das heute für diese Zwecke verwandte Prokain. Die Einspritzung des Mittels in den Rückenmarkkanal bekam ihm schlecht, so daß er sich mit einem mehrtägigen Krankenlager quälen mußte. Inzwischen hat sich die Methode längst weltweit durchgesetzt.

Die großen Themen in Biers wissenschaftlicher Lebensarbeit wurden von ihm bereits in sehr jungen Jahren aufgegriffen, um in neuen Etappen vertiefender Bearbeitung immer weiter zu reifen. Namentlich von jungen Ärzten wurde die neue lebensgesetzliche Betrachtungsweise aufmerksam und mit Begeisterung begrüßt. Sahen sie doch hier eine Belebung der damals allzusehr in mechanischen Betrachtungsweisen erstarrten Chirurgie. So waren es die von Bier veröffentlichten Arbeiten über den Kollateralkreislauf (Bildung von Umgehungsbahnen bei krankheitsbedingtem Gefäßausfall), vor allem die große zusammenfassende Arbeit ‹Hyperämie als Heilmittel›, in der bereits die Bierschen Auffassungen von der Bedeutung der Entzündung Ausdruck fanden. Ähnliches Aufsehen erregten die Arbeiten über die Reizkörperbehandlung mit ihren vielfältigen Anwendungsformen.

Als Meister der Operationstechnik und einer klaren didaktisch geschickten Darstellungsweise profilierte Bier sich als Mitherausgeber der Operationslehren und eines klinischen Lehrbuchs, das über Jahrzehnte zu den verbreitetsten Einführungen in die Chirurgie im Weltmaßstab gehörte.

Daß dieser Neuerer von manchen Vertretern der älteren Ärztegeneration mißtrauisch betrachtet wurde, ist verständlich. So war für Bier der Beginn in Berlin sehr schwierig. Doch schon nach wenigen Jahren hatte er sich weitgehend behauptet.

Der Erste Weltkrieg bedingte es, daß sich Bier bevorzugt kriegschirurgischen Arbeiten widmete. Aus dieser Zeit stammen wichtige Arbeiten über das Aneurysma (verletzungsbedingte Gefäßerweiterung) und den Gasbrand. Über den medizinischen Bereich hinaus wurde Bier dadurch bekannt, daß er die Ausrüstung der Soldaten mit einem Stahlhelm bewirkte. Diese Initiative dürfte das Leben Tausender Soldaten und auch Industriearbeiter erhalten haben.

Der Zusammenbruch des Deutschen Reiches nach dem verlorenen Krieg traf August Bier schwer. Seine Sorge galt vor allem der körperlichen, musischen und geistigen Entwicklung der Jugend. Vorbild waren ihm dabei die Gymnasien des klassischen Hellas. Unermüdlich trat er für die Förderung der Leibeserziehung nach diesem Vorbild ein. Die ‹Gymnastik› (= Nacktbetätigung) im ursprünglichen Sinne war ihm ein wichtiges Anliegen, um die Harmonie körperlicher und seelischer Entwicklung zu fördern. Im Fünfkampf sah er eine der bewährtesten Formen körperlicher Übung, in der geschickten Zusammenstellung harmonierender Gruppen und der Zuhilfenahme der Musik Wege zur Anregung und Beflügelung des einzelnen, diesen Weg der persönlichen Weiterentwicklung erfolgreich zu betreiben.

So sehr Bier für ausgewogenes Trainieren eintrat, so stark warnte er vor der Übertreibung und dem Abgleiten in Einseitigkeiten einer Sportart wie jede Form von Rekordsucht. Berufsathleten achtete er ebenso gering wie einst die Hellenen. Aus Biers Arbeitskreis gingen wichtige Arbeiten hervor über körperliche und psychisch-vegetative Schäden des Hochleistungssports.

So nimmt es nicht wunder, daß August Bier zum Rektor der neugegründeten Deutschen Hochschule für Leibesübungen in Berlin gewählt wurde und dieses Amt 12 Jahre lang versah. Zusammen mit Carl Diem wurde hier ein Lehrplan verwirklicht, in dem auch die musische Seite des klassischen Erziehungsideals ihren Platz fand.

Seine internationale Anerkennung fand äußeren

Ausdruck u. a. in 5 Ehrendoktorwürden wie in der Ehrenmitgliedschaft in 15 wissenschaftlichen Gesellschaften.
Seine wissenschaftliche und seine klinische Arbeit vollzogen sich unter Verhältnissen, die baulich und in der Ausstattung ganz unzureichend waren. Die Kluft zwischen dem Ruf der international berühmtesten Lehrstätte der Chirurgie und den unzulänglichen, in sich verschachtelten Baulichkeiten des Klinikums in der Ziegelstaße konnte bedrückend empfunden werden. Die schon früh gegebenen Zusagen für einen Neubau waren nie eingelöst worden.
Das Mißverhältnis zwischen den gebotenen technischen und personalen Möglichkeiten und andererseits dem Gewicht der gestellten Aufgaben in Lehre und Forschung stimmen besonders nachdenklich, wenn man die wenige Jahrzehnte später allgemein üblich gewordenen und erfüllten Ansprüche wissenschaftlicher Institute dagegenhält. Um so größer muß die Hochachtung vor den Leistungen Biers und seines Arbeitskreises sein.
Hier stellt sich die allgemeine Frage nach der Struktur und Mindestausstattung einer wissenschaftlich tätigen Klinik. Sicher hätten die Arbeiten Biers über die Hyperämie als Heilmittel, insbesondere über die Stauungsbehandlung, an wissenschaftlichem Gewicht gewonnen, wenn sie durch die genauere Verfolgung kreislaufdynamischer Vorgänge, die Bestimmung der Sauerstoff- und Kohlensäurespannung in den gestauten Körperteilen und ähnliche Werte erweitert worden wären. Doch dies würde einen entsprechenden Laborbereich voraussetzen. Bier selbst äußerte einmal, daß er gern einen Physiologen in seinem Mitarbeiterstab gehabt hätte.
Ähnlich würden die Ergebnisse seiner Reizkörpertherapie unter Mitwirkung eines immunologisch arbeitenden Labors viele zusätzliche Erkenntnisse, auch Präzisierungen der Anzeigestellung für diese Behandlungsmethoden, erbracht haben.
Was Bier ohne zureichende experimentelle Hilfen so hervorragend einsetzte, war die ungemein genaue Beobachtung der sinnesphysiologisch erfaßbaren Abläufe und deren Sinndeutung. In diesem Erfassen komplexer Vorgänge war er dem durchschnittlichen ‹Laborwissenschaftler› weit überlegen. Was Bier hier leistete, konnte man als ‹Erfahrungsheilkunde auf einer sehr hohen Ebene› bezeichnen. Es war dabei das Gegenteil eines auswahllosen Eklektizismus. Er ließ sich vielmehr bei seiner wissenschaftlichen Arbeit stets von fruchtbaren Leitgedanken bestimmen, die jedoch nie zu einer dogmatischen Einengung des Gesichtsfeldes führten. Jeder Kundige weiß, daß die tiefgründige Auswertung komplexer Lebensabläufe oft weit schwieriger ist als die Einordnung einzelner physiologischer Daten, mag zu deren Ermittlung auch noch so viel Laboraufwand notwendig gewesen sein.
Als Bier im Alter von 70 Jahren sein Amt niederlegte, wurde seine chirurgische Klinik ‹wegen finanzieller Schwierigkeiten› – so das zuständige Ministerium – aufgelöst.
Der 70. Geburtstag August Biers führte eine große Zahl der bedeutendsten Ärzte Deutschlands im Großen Saal des Langenbeck-Virchow-Hauses in Berlin zusammen. Die Festansprache hielt der Münchner Chirurg Lexer, der selbst aus der Klinik von Biers Vorgänger E. von Bergmann hervorgegangen war. Der im sachlichen Meinungsstreit oft als harter Gegner Biers aufgetretene Lexer sagte: «Neidlos bekenne ich: unter den heutigen Fachgenossen sehe ich keinen, niemand in Deutschland, niemand im Ausland, der in seiner Lebensarbeit eine solche Fülle von Gedanken und neuen Anschauungen gemeistert und zum großen Teil auch zur Geltung gebracht hat und noch dazu als Leiter einer schon längst, schon zu Bergmanns Zeiten unzulänglichen und noch nie erweiterten und verbesserten Klinik, des trotz alledem weltberühmten Klinikums Ziegelstraße!»
«Während die Lebensarbeit vieler sich darin erschöpft, am Gebäude der Chirurgie nach feststehenden Plänen Stein auf Stein und Steinchen auf Steinchen zu setzen, hat er nach eigener Art und nach eigenem Stil prachtvollen Ausbau geschaffen, wie oft die alten Baumeister an Domen oder Palästen sich nicht um den Stil ihrer Vorgänger gekümmert, sondern den eigenen durchgeführt haben, ohne doch die Harmonie des Ganzen zu stören.»

Der ‹Waldarzt›

August Bier war mit Leib und Seele Arzt. Er war zudem überzeugt, daß man von der Medizin wie von keiner anderen Wissenschaft her lernen könne, die Natur im weiteren Sinne zu begreifen.
Auch der Anstoß, seinen Waldversuch und damit das zweite große Thema seines Lebens zu beginnen, kam aus der Medizin. Als Anhänger des großen Arztes Hippokrates (um 460 bis 377 v. Chr.) hielt Bier die Abkehr von der Säftelehre, der Humoralpathologie als theoretischer Grundlage der Medizin, für eine verhängnisvolle Entwicklung. Über 2000 Jahre hatte diese das theoretische Fundament der Medizin gebildet. Die richtige Mischung (Eukrasie) gegensätzlicher Körpersäfte bedeutete Gesundheit. Das Wesen der Krankheit war die fehlerhafte Säftemischung (Dyskrasie).
Bier schwebte es vor, der historisch bedingt einfachen und mit symbolischen Begriffen für die vier gegensätzlichen Säfte belegten Lehre von der Dyskrasie und Eukrasie ein zeitgemäßes Gewand zu geben. Doch er mußte erleben, daß er in der Medizin von heute damit nicht durchdringen konnte.
Anders lagen die Verhältnisse bei der Forstwissenschaft. Der Gedanke des Mischwaldes, einer guten oder schlechten Zusammensetzung dieser Lebensgemeinschaft oder die Vorstellungen von richtiger oder ungünstiger Mischung des Waldbodens waren dem erfahrenen Forstmann seit je geläufige Begriffe.
Hier konnte Bier unbehindert, das Wertvolle pflegend, im Gesamtgefüge korrigierend und gestaltend eingreifen, um ein harmonisches Gleichgewicht der Kräfte herbeizuführen.
Wenn er sich selbst gelegentlich als ‹Waldarzt› bezeichnete, so deutet dies auf die von ihm empfundenen Zusammenhänge zwischen biologischen Vorgängen auf beiden Gebieten, in der Medizin und im Waldbau.

Ohne die Herstellung solcher Verbindungen zu übertreiben, lassen sich viele Bezüge im Denken und Handeln des Arztes und des bionom orientierten Forstmanns aufzeigen. Nur einige wichtige seien genannt:

Der menschliche Organismus – das Gefüge des Waldes mit seinen zahlreichen Wechselbeziehungen. Das Feld des Arztes ist der Organismus des Menschen, ein lebendiges System vielfältig geregelter Funktionskreise, das auf Erhaltung des Individuums und der Art gerichtet ist. Der heilende und der Gesunderhaltung dienende Arzt widmet seine besondere Aufmerksamkeit dem geregelten Ablauf von Funktionen in Teilbereichen des menschlichen Körpers, so wie dem harmonischen Zusammenspiel.
Demgegenüber steht der Wald als weniger geschlossenes natürliches Gefüge mit zahllosen Wechselbeziehungen zwischen den beteiligten Faktoren. In diesem Lebensraum wirken die Abhängigkeiten von geologischen und klimatischen Gegebenheiten wie die unterschiedlichen Bedürfnisse der zu einer Lebensgemeinschaft zusammengefügten Mikroben, Pflanzen und Tiere mit- und gegeneinander.
Der Arzt hat sich beim Menschen mit dessen genetischen Bedingungen, den Einflüssen seiner Umwelt auf deren Entwicklung und den ungestörten Ablauf der Lebensfunktionen zu beschäftigen, nicht zuletzt natürlich mit eingetretenen Krankheiten und deren Folgen. Die Verwandtschaft solcher Aufgabenstellung mit der eines Forstmanns ist offensichtich. Nur die Schwerpunkte liegen unterschiedlich. Beim Aufbau und Erhalten der vielfältigen Lebensgemeinschaft Wald spielt es eine überragende Rolle, das Zusammenklingen und die Dissonanzen in den Bedürfnissen der Arten zu beachten. Die Möglichkeit, durch Auswahl und bevorzugte Pflege des genetisch Wertvollen die Beschaffen-

heit des Waldes zu erhöhen, gibt ihm zusätzliche Möglichkeiten, die dem Arzt nicht offen sind.

Das biologische Experiment als Erkenntnisgewinn und Richtungsweiser für die Waldbaupraxis. Die meisten Neuerungen in der Medizin pflegen den Weg der experimentellen Prüfung zu durchlaufen. Strenggenommen ist jede ärztliche Behandlung ein Stück biologisches Experiment. Dies gilt um so mehr, je genauer der Arzt die Forderung Chr. Hufelands befolgt, die Behandlung jedes Kranken zu individualisieren. Es betrifft zumindest die Ermittlung der für den einzelnen Menschen günstigsten Reizgrößen bzw. Arzneidosierungen. August Bier war gewohnt, im biologischen Experiment wie am Krankenbett diese Forderung auf das sorgfältigste zu erfüllen. Doch auch in vielen Grundsatzfragen der Medizin vertraute er dem genau angesetzten eigenen Experiment oft mehr als dem Verlaß auf gültige Lehrmeinungen. Viele aus seinen Vorlesungen oder Diskussionen überlieferte Bemerkungen kennzeichnen ihn diesbezüglich als humorvollen Skeptiker. Etwa: «75 % der feststehenden Tatsachen stimmen nicht.»
«Forstleute und Mediziner dünken sich klüger als der liebe Gott.» «Ich habe mich im wesentlichen auf das biologische Experiment verlassen und durch Probepflanzungen den passenden Boden für die einzelnen Pflanzen ausgesucht. Das biologische Experiment ist immer das feinste . . .»
Mit dieser Grundeinstellung eines erfahrenen Arztes ging Bier an die Umgestaltung seines Waldes. Das Ziel stand ihm dabei jeweils als Ergebnis allgemeiner bionomer Einsichten und visionärer philosophischer Erkenntnisse klar vor Augen. Angesichts der Vielfalt biologischer Einflüsse wie der Uneinheitlichkeit mancher Lehrmeinungen schienen ihm häufig klärende biologische Versuche erforderlich zu sein, um das jeweils wirksamste Vorgehen für seinen Waldbau zu ermitteln. Biers Berichte über seine Revierbegehungen mit Fachleuten (1935, 1937, 1939) geben einen guten Einblick in seine Überlegungen und das praktische Handeln.
Ein Beispiel für das ebenso phantasievolle wie exakte Vorgehen sind die Untersuchungen über die Ursachen des Keimverzuges von Pflanzensamen. Die Frage interessierte Bier, da er schon 1922 über Probleme des Reizverzuges beim Menschen gearbeitet hatte und andererseits die Beobachtungen des Keimverzuges bei Baumsämereien seine Aufmerksamkeit geweckt hatten. Er benutzte für die Untersuchungen Lupinenbohnen. In einer großen Reihe unterschiedlicher Versuchsanordnungen ermittelte er die Bedingungen, die Einfluß auf das Verhalten der Samen hatten. Über 28 dieser Versuche berichtete er im einzelnen.
Bei diesen Versuchen kam ihm ein Zufall entgegen. 1924 wurden auf dem Gut Charlottenhof bei der Aufforstung von Sterbelücken eines Ackerkieferbestandes zahlreiche Lupinenfrüchte gefunden, die aus dem Feldanbau 54 Jahre vor der Kieferpflanzung stammten. Die auf der 5 cm tiefen Sohle der Pflugfurche gefundenen Lupinenbohnen waren wohl erhalten und bildeten ein wertvolles Material für Keimversuche mit unterschiedlichen Fragestellungen.
Im üblichen Keimversuch auf feuchtem Fließpapier begannen von 20 dieser Bohnen nur 3 zu keimen. Die übrigen blieben auffällig hart und ungequollen. Nach vorsichtigem Einschneiden der Samenschale begannen jedoch auch alle anderen bisher – seit 54 Jahren! – ruhenden Früchte zu keimen. Wiederholungen dieses Vorgehens brachten entsprechende Ergebnisse. Für 10 Sekunden siedendem Wasser ausgesetzte Lupinen zeigten ebenfalls 100 % Keimfähigkeit. Die als Ursache des Keimverzuges angenommene Hartschaligkeit der Bohnen erklärte Bier durch zu starke Bodenbedeckung beim Umpflügen des Feldes, die danach schnell aufgetretene Verrasung und den folgenden Kieferbestand, unter dem sich eine Decke von Nadelstreu und Moos entwickelte.
Andere Untersuchungen galten der Ermittlung der günstigsten Ernte- und Lagerungsbedingungen für die Lupinensamen. Die besten Ergebnisse hinsichtlich der Keimfähigkeit und der Widerstandskraft gegenüber Schimmelpilz- und Fäulnisbefall ergaben sich bei Lagerung der Lupinenbohnen in ihren Hülsen über den Winter, während enthülst getrocknete Früchte jeweils erhebliche Keimverluste bzw. -verzöge-

rungen zeigten. Die Versuche ergaben wichtige verallgemeinerungsfähige Ergebnisse und Forschungsanregungen für die angewandte Botanik, den Waldbau eingeschlossen.
Bemerkenswert sind die durch eine optimale Behandlung erworbenen Immuneigenschaften der Lupinenbohnen. Sie drückten sich in unterschiedlicher Widerstandsfähigkeit nicht nur der intakten Samen bzw. der jungen Pflanzen, sondern auch eines aus den Bohnen bereiteten Mehls aus.
Es gibt zahllose Beispiele für das experimentelle Vorgehen Biers bei der Umgestaltung seines Waldes. Zumeist ist er dank seiner ausgeprägten Gabe, ökologische Zusammenhänge zu deuten, der praktischen Lösung bestimmter Gestaltungsprobleme sehr nah. Der Versuch dient ihm hier der Bestätigung oder dem Vergleich mehrerer in Frage kommender Lösungsmöglichkeiten. So etwa der Versuch, durch Aussaat von Kastanien, deren junge Pflanzen vom äsenden Wild besonders geschätzt sind, den Verbiß junger Unterpflanzungen zu vermeiden. Oder das Verhüten der Bodenverschlechterung infolge Bildung von Rohhumus in dichten Fichtenbeständen durch das Schaffen von Licht- und Regenlücken sowie Unterpflanzen von Robinien als Luftstickstoffbinder.

Fragen des Baustoffwechsels bei Mensch und Pflanze. Die Beschaffenheit der organismischen Strukturen bei Mensch und Pflanze ist vor allem ein Ergebnis der zur Verfügung stehenden Baustoffe. Diese Tatsache lenkt in beiden Fällen die Aufmerksamkeit auf die Ernährung. Der Arzt ist gewohnt, bei der Beurteilung der Konstitution, aber auch der oft wechselnden Krankheitsdispositionen, auf diesen Faktor zu achten. Es ist eine gesicherte Erfahrung, daß die volle Entfaltung genetisch vorgegebener Entwicklungsmöglichkeiten des einzelnen nicht zuletzt von der Qualität und Menge der Nahrung abhängt. Ebenso gesichert ist es, daß Fehler in der Ernährung die Krankheitsanfälligkeit in vielen Richtungen steigern können. Zur richtigen Ernährung des Menschen gehören die angepaßte Bemessung der Nahrung entsprechend dem Energieumsatz für den Grundbedarf sowie die individuell sehr unterschiedliche Arbeitsleistung. Das Zuwenig hemmt Wachstum und Leistungsfähigkeit, das Zuviel wird durch Fettansatz und auf manchen anderen Wegen zur Lebensbelastung. Hinzu kommen die komplizierteren Fragen der Nahrungsqualität, vor allem das ausgewogene Angebot der 50 bis 60 Einzelstoffe, die zur Gesunderhaltung erforderlich sind.
Ein drittes Merkmal gesunder Ernährung ist das Fehlen schädigender Fremdstoffe. Die als Folgen zunehmender Chemisierung unseres Lebensraumes hier aufgetretenen Probleme sind allzu bekannt.
Der Arzt August Bier dachte stark in diese Richtungen. Als erklärter Anhänger des Hippokrates – dem die Welt den Begriff der Diaita verdankt – war ihm die Sorge für eine richtige Ernährung stets ein wichtiger Teil der Lebensordnung.
Die richtige Ernährung der Waldpflanzen ist von vergleichbar zentraler Bedeutung. Gegenüber dem menschlichen Stoffwechsel sind die Fähigkeiten der Pflanze, komplizierte organische Stoffe aus den Grundelementen zu bilden, viel weitergehend entwickelt. Dementsprechend verschieben sich die Aufgabenstellungen in der Pflanzenernährung. Spielt beim Menschen die Zufuhr zum Teil kompliziert gebauter, hochmolekularer Stoffe (Eiweiß, Vitamine) eine wichtige Rolle, muß das Augenmerk bei der Pflanzenernährung besonders darauf gerichtet sein, die Wurzellöslichkeit der im Boden vorhandenen Elemente durch Verbessern der Bodengare zu fördern. Versuche mit mineralischer Düngung entsprechend den Gepflogenheiten der Landwirtschaft hat Bier nur ganz vereinzelt vorgenommen und als nicht bewährt aufgegeben. Die Stickstoffversorgung pflegte er durch reichlichen Anbau Luftstickstoff bindender Pflanzen, vor allem der Robinie.
Der Sicherung des Wasserhaushaltes für Bodenlebewesen und Pflanzen galt Biers besondere Sorge, zumal die Dürre in einigen Teilen des Reviers Hauptursache des anfangs unbefriedigenden Waldzustands war. Unterschiedliche Formen der Bodenbedeckung und mancherlei Maßnahmen zur Förderung der Bodenflora brachten schon innerhalb von 10 Jahren deutliche Fortschritte im Wasserhaushalt des Reviers. Selbst eine Folge mehrerer Dürrejahre wurde von jungen Pflanzungen weit besser überdauert

als vor der Übernahme des Waldes durch August Bier.
Der Haltung der Luftkohlensäure – wichtigster Ausgangsstoff für die Bildung aller organischer Verbindungen – galt Biers besonderes Bemühen. Durch Reisigpackungen und das Schaffen eines dicht gepflanzten Waldmantels am Rande der Waldstücke wurde der Wind gebrochen und das Verwehen der Kohlensäure über dem Boden vermindert.
Es zeigte sich bald, daß die genannten Maßnahmen oft stärkere Auswirkungen hatten als die Begünstigung einzelner Gehölzarten durch die Eigenschaften der primären geologischen Formationen. Die ungemeine Bereicherung der Gehölze und der Bodenflora im Revier dürfte nur auf diese Weise ermöglicht worden sein.

Das Nutzen natürlicher Lebensreize als Brücke zwischen naturnaher Medizin und bionomem Landbau. Das Nachdenken und klinisch-experimentelle Forschen über die natürlichen Lebensreize begleitete August Bier während seines ganzen Lebens. Wir verdanken ihm mehrere Dutzend wissenschaftliche Abhandlungen zu diesem Thema.
Das Anwenden bzw. Nachahmen von Reizen, auf die sich die Natur mit ihren Antworten eingestellt hat, ist ein entscheidendes Kennzeichen naturnahen Handelns.
Die Entdeckungen Albert von Hallers (1708–1777) über die Bedeutung des Reizes für die Auslösung von Organtätigkeiten war ein entscheidender Schritt in der Entwicklung der Physiologie für Tier und Pflanze. Nach der Art (der Energieform) werden vor allem mechanische, thermische, chemische und Lichtreize unterschieden. Bier bevorzugte entsprechend seiner Neigung zur zweckgerichteten Betrachtungsweise Begriffe, die sich auf den erstrebten Reizerfolg bezogen. Ihn beschäftigten vor allem die ernährungswirksamen (nutritiven) Reize und solche, die sich auf die Strukturbildung auswirken, die formativen Reize. Von der Art der verwendeten Reize her gesehen, befaßte sich der Kliniker Bier vor allem mit dem schwierigsten Gebiet, der Einspritzung von Eiweißkörpern (Blut von Mensch und Tier, Milch) als Mittel der ‹unspezifischen Reizkörpertherapie›. Das Ziel war hierbei in erster Linie, aber nicht ausschließlich, die Anregung von Abwehrleistungen.
Bei der nach ihm benannten Stauung wurde durch gestuftes Drosseln des Blutrückflusses eine Anstauung von Kohlensäure und anderen Stoffwechselprodukten hervorgerufen. Dieser natürliche Reiz bewirkte nachfolgend eine arterielle Durchblutungssteigerung.
Als Initiator der märkischen Tuberkuloseheilstätten (Hohenlychen) befaßte sich Bier mit dem Lichtreiz als Heilmittel. Als Rektor der Deutschen Hochschule für Leibesübungen förderte er das Nacktturnen und den Sport als Weg zu einer harmonischen körperlichen Entwicklung der Jugend.
Die in der Pflanzenwelt gültigen Beziehungen zwischen Reiz und Reizerfolg waren für August Bier als Forstwirt ein feinabgestimmtes Instrumentarium, dessen er sich bewußt bediente.
Am Beispiel des Lichtes als Reiz wie als Energieträger wird dies besonders deutlich. Der Nutzungsgrad des Lichtes für den Vorgang der Photosynthese ist ein Maßstab für die Lebensintensität des Waldes schlechthin. Er bestimmt den Gesamtertag des organismischen Lebens im Wald, die ‹Biomasse›. Bier strebte, wo irgend möglich, die Entwicklung des Etagenwaldes an, um in zwei bis vier gestaffelten Zonen von Baumkronen eine optimale Nutzung der Lichtenergie zu ermöglichen. Durch besondere Pflege der Bodenflora kam jeweils eine weitere Zone intensiver assimilatorischer Tätigkeit hinzu. So wurde der Gedanke, den Lichtreiz und die Energie des Lichtes auszunutzen, zu einem der wichtigsten Gestaltungsprinzipien für den Sauener Wald.
Die besondere Kunst bei der Verwirklichung dieses Gedankens liegt im Zusammenfügen der Gehölze, Sträucher und anderer Pflanzen entsprechend ihrem individuellen Lichtbedarf.
Im Verfolgen des Prinzips optimaler Lichtnutzung schließen sich zugleich mehrere Funktionskreise. Der steigende Gehalt des Bodens an organischer Masse weist auf die Intensivierung des mikrobiellen Bodenlebens und die Bereicherung der Bodenfauna hin. Er ist zugleich die Grundlage der Verbesserung physikalischer Eigenschaften des Bodens im Hinblick auf die

Wasserführung. Der humusreichere Boden läßt mehr Wasser eindringen und hält es länger, so daß der Anteil des Nutzwassers steigt. Wichtig ist nicht zuletzt, daß die Steigerung der mikrobiologischen Aktivität des Bodens Gefährdungen der Pflanzen durch Schädlinge vermindert.
Ein genügendes Wirksamwerden der Lichtreize ist oft nur durch den verständnisvollen Gebrauch der Axt möglich, der den wertvollen Bäumen genügend Freiraum sichert.
Eine Besserung des thermischen Waldklimas suchte Bier durch dichte Umpflanzung der Waldränder zu erreichen. Gern gebrauchte er das Wort vom wärmenden Waldmantel.
Von den Möglichkeiten mechanischer Reize wurde oft durch Verletzen der Robinienwurzeln mit Bodenhaken Gebrauch gemacht, um ein rasches Sprossen von Ablegern anzuregen.
Seine Arbeiten über Art und Stärke lebenswirksamer Reize hatten Bier in die Nähe der Homöopathie geführt. In der Medizin hatte er die ganze Stufenleiter biologischer Reize von den homöopathischen Verdünnungen eines Medikaments bis zu stärksten Reizen wie etwa der Verschorfung von Körpergeweben mit dem Brenneisen souverän gehandhabt. Vergleichbar ging er in der Waldpflege vor. Wo es galt, einen ‹Schock›, sei es des einzelnen Baums oder einer engeren Beziehungsgemeinschaft von Bäumen, zu vermeiden, hielt er sich streng an die forstliche Regel: ‹Frühzeitig, mäßig und oft› korrigierend und pflegend einzugreifen. Es geschah ähnlich, wie man in der Homöopathie mit Konstitutionsmitteln umgeht. Auch die feinstofflichen Ausscheidungen von Pflanze und Tier fanden das allgemeinbiologische Interesse von Bier und wurden von ihm im praktischen Waldbau beachtet. So suchte er Pflanzenfreundschaften und -feindschaften bei der Umwandlung seines Waldes weitgehend zu berücksichtigen. Gleiches gilt für die Beziehungen zwischen Fauna (Insekten wie Wild) und Pflanzen.

Hygieniker des Menschen – Waldhygieniker. Das nach Hygieia, der Göttin der Gesundheit, benannte Gebiet befaßt sich mit dem Aufspüren und Überwinden gesundheitsschädigender Einflüsse im Umfeld des Menschen. Die Aufmerksamkeit des Hygienikers gilt den belebten Krankheitserregern ebenso wie den übrigen schädigenden Faktoren, deren Bedeutung mit der zunehmenden Technisierung und steigenden Bevölkerungsdichte ansteigt.
August Bier sah seinen hygienischen Auftrag als Arzt zugleich auch darin, alles zu tun, um die Widerstandskräfte des Menschen gegen gesundheitliche Bedrohungen aller Art zu steigern. Die Gründung der Deutschen Hochschule für Leibesübungen und deren Leitung über 12 Jahre sind ein sprechender Hinweis, daß er nicht nur Therapeut in dringlichen Notsituationen sein wollte. Er fühlte sich aufgerufen, zur Schaffung eines hohen Grades von Gesundheit für viele beizutragen.
Mit dieser Grundeinstellung konnte und wollte Bier auch im Sauener Wald wirken. Der Gedanke einer positiven Auslesedurchforstung entspricht der Förderung des wertvollen Einzelbaums, um ihn zur höchstmöglichen Entwicklungsstufe zu führen.
Selbst der Gedanke des dosierten Leistungstrainings taucht bei der in Sauen geübten Waldwirtschaft auf. Wenn z. B. ein in seinen Eigenschaften hervorragender Baum als Saatbaum herangezogen werden sollte, so erfolgte seine Freistellung behutsam in Stufen, um ihn nicht durch einen ungewohnt starken Angriff der Winde zu gefährden. Erfolgt die Freistellung allmählich, so reagiert der Baum mit entsprechend stärkerer Wurzelbildung und wird dadurch widerstandsfähig.

Genetische Auslese. Hier klaffen die Gestaltungsmöglichkeiten der Humanmedizin und des Waldbaues weit auseinander. Dem Arzt bleibt nur die Möglichkeit, durch Aufklärung und fürsorglichen Rat die Verbreitung genetischer Belastungen in künftigen Generationen einzuschränken. Die Entscheidung selbst liegt jeweils beim Träger der Anlagen.
Die Aufgaben ärztlicher Hilfe liegen oft lediglich darin, unausgeschöpft gebliebene Möglichkeiten konstitutioneller Entwicklung bewußt zu fördern, um so anlagebedingte Schwächen zu überdecken. Richtig erkannt und betrieben, sind die Aussichten solcher Regie einer nachreifenden Entwicklung oft sehr erfolgreich. Natürlich erfordern auf genetischer Grundlage entstan-

dene klinische Zeichen oft ein unmittelbares therapeutisches Eingreifen des Arztes. Die Pflanzen und die Tierzucht haben demgegenüber unvergleichlich größere Möglichkeiten der Auslese. Freilich wurden hier in neuer Zeit auch bedenkliche Manipulationen am genetischen Material entwickelt.
Der Arzt Bier war von seinem Beruf her auf die Dringlichkeit dieser Probleme vorbereitet und bemühte sich in seinem Wald sehr um die Förderung des genetisch Wertvollsten. Erkannte er einen Baum als von besonders guter ‹Rasse›, so förderte er diesen, damit er sich optimal entfalten und als Samenspender dienen konnte.
Gleiche Sorgfalt ließ er beim Kauf von Sämereien und Jungpflanzen walten. Um die Kontrolle über die genetische Qualität und eine zweckdienliche Behandlung des Anzuchtmaterials zu haben, legte vor allem der Sohn, Oberforstmeister Heinrich Bier, umfangreiche Pflanzgärten an. So enstand eine einzigartige Möglichkeit, den gesamten Werdegang der Nachzucht unter eigener Kontrolle zu haben.

Der praktische Forstwirt

Idee und Ziel des praktischen Forstwirtes August Bier war es, eine hohe Vielfalt der Arten in der Pflanzen- und Tierwelt zu einer wohlabgestimmten Lebensgemeinschaft zu fügen. Die neugeschaffene Lebensordnung sollte zugleich so viele selbstregulierende Kräfte entwickeln, daß ihr Bestand auf lange Zeit gewährleistet schien.
Um dies zu erreichen, mußte die Aufmerksamkeit ebensosehr auf die Anhebung der Bodenfruchtbarkeit, der bioklimatischen Bedingungen wie auf die Ausschaltung aller beherrschbaren schädigenden Faktoren gerichtet sein. Daneben galt es, durch gezielte Maßnahmen die Ansiedlung von Pflanzen und Tieren zu betreiben, die den Verhältnissen der Standorte entsprachen. Solche Aufgabe erforderte bei den gegebenen geologischen und Vegetationsunterschieden des Reviers von Ort zu Ort ein differenzierendes Vorgehen.
Der Sauener Wald ist im Großen Spreebogen, etwa 10–12 km nördlich der Kreisstadt Beeskow, gelegen. Die wellig-hügelige Bodenformung bewegt sich in Höhen von 40 bis 135 Metern über NN. Geologisch handelt es sich um die End- und Grundmoräne des Diluviums. Teile des Waldes liegen im Warschau-Berliner-Urstromtal.
Neben den vorherrschenden Sand- und Kiesflächen gab es auch anlehmige Böden und Ton, z. T. in Form abgebauter Tongruben. Der durch Zukauf erweiterte Sauener Wald umfaßte 1913 800 Hektar. Er entsprach in seinem Aufbau und Pflegezustand etwa dem für die Mark Brandenburg typischen Wald mit dem Vorherrschen von Kieferreinbeständen. An mehreren Stellen waren auch aus dem früher verbreiteten Dankelmannschen Saatgut (Kiefer, Lärche, Fichte) hervorgegangene Bestände vertreten. Einige Wegstrecken wurden von dem Vorbesitzer zur Verschönerung des Landschaftsbildes mit Fichten, Bergahorn, Rot- und Weißbuchen bepflanzt. Die in dem Revier reichlich vorhandenen Waldränder dagegen boten keinen schützenden

Die Abbildungen zeigen die Wirkung eines am Waldrand als Windbrecher geschichteten Reisigwalls. Die Schwierigkeiten, am freien Waldrand des Nadelholzbestandes einen schützenden Waldsaum hochzuziehen, wurde hier durch Anfuhr eines Reisigdammes überwunden. Das linke Bild zeigt an einer Unterbrechung dieses Walls den ungünstigen Einfluß der ‹Windschleuse› auf den Rotbuchenunterbau.
Im Windschutz des geschlossenen Reisigwalls dagegen gutes Gedeihen des gleichen Rotbuchenunterbaus (rechtes Bild).
(Foto H. Apitz, 1956)

Waldmantel:
Eine der ersten Maßnahmen August Biers war es, die kahlen Ränder des übernommenen Kiefernbestandes an den Feldgrenzen und Straßen in einen vegetationsreichen dichten Waldmantel zu verwandeln.
In oft mühsamer Arbeit wurden Bodenbewuchs, Sträucher und tiefastende Bäume herangezogen, gelegentlich auch den ausgeangerten Böden der Monokulturen vorgesetzt.
Das Ziel wurde zumeist hervorragend erreicht: die Besserung des Binnenklimas im Wald – Frost- und Windschutz – Anzucht von erlesenen Saatbäumen – hervorragender Vogelschutz – Verschönerung des Landschaftsbildes.

Unterbau. Durch Ausästen der Kiefer waren sie zumeist völlig kahl.
125 Hektar waren, zum Teil seit längerer Zeit bestehende, Kahlschläge oder Ödflächen. Die vorhandenen Schonungen waren oft sehr lükkenhaft, die Kieferbestände zumeist dürftig. Die Verhältnisse der Altersklassen bei den Kiefern deuteten auf Übernutzung des Reviers in früheren Jahrzehnten. Altholz war nicht vorhanden.
Bei einer durchschnittlichen Jahresregenmenge um 500 mm galt das Sauener Revier als dürregefährdet. Die geringe Regenmenge wurde als begrenzender Faktor für die Vegetation gesehen. Nach urkundlichen Berichten hatte sich bereits seit dem 18. Jahrhundert der Grundwasserspiegel rückläufig entwickelt. Mehrere Teiche sind seit dieser Zeit ausgetrocknet, eine früher betriebene Wassermühle wurde wegen Wassermangels aufgegeben.
Die Ursachen für diesen Rückgang dürften in dem über lange Zeit geübten Ausharken des Waldes zur Streugewinnung für die Tierställe zu sehen sein. Zudem wurde über lange Zeit durch Waldweide der Bodenverarmung Vorschub geleistet. Erheblichen Anteil an dem Wasserrückgang haben schließlich Regulierungsmaßnahmen am Lauf der benachbarten Spree.

Ein Gang durch den Wald mit August Bier

Der Sauener Wald wurde in manchen Jahren von mehreren hundert interessierten Forstleuten besucht. Das anschaulichste Bild vom Werden des Sauener Reviers vermittelt August Bier gelegentlich mit seinen berühmt gewordenen forstlichen Führungen. Wir wollen daher ihn

Waldrand im Herbst. Die Randbäume wurden durch behutsames Freistellen zu starker Kronen- und Wurzelentwicklung angeregt, so daß sie einen sturmsicheren Schutzmantel bilden.

und seine Gäste aus Forstwissenschaft und -praxis bei ihren Fahrten durch den Wald ein Stück begleiten. Es seien Besichtigungen aus den Jahren 1935, 1937 und 1939 gewählt, also etwa 23–27 Jahre, in einem Fall 10 Jahre, nach Beginn der Waldversuche.
Die reichlich wiedergegebenen Zitate entstammen stenographischen Aufzeichnungen der von Bier bei den Waldbegehungen gegebenen Erklärungen. Diese dürften, wie keine andere Darstellungsart, Zeugnis geben vom Beobachten, Deuten und forstlichen Handeln August Biers. Zugleich geben sie authentischen Bericht über die schon damals eingetretenen Wandlungen im Wald.
Bei der gewählten Art der Berichterstattung ist es unvermeidlich, daß die für den Sauener Waldversuch wichtigen Prinzipien nicht systematisch geordnet oder gar erschöpfend dargestellt werden können. Es soll daher versucht werden, angesprochene wichtige Fragen stellenweise zusammenzufassen und, wenn angeraten, zu ergänzen.
«Wir gehen aus dem Park heraus und begeben uns nach Jagen 1, das durch einen Weg von 400 m mit dem Park verbunden ist. Der Weg führt, abgesehen von den ersten 70 m, über sehr schlechten Boden. Immer wieder gehen an ihm gepflanzte Bäume aus, trotz fleißigen Gießens in trockenen Zeiten. Freilich spielt wohl der dort massenhaft verbreitete Engerling eine große Rolle dabei. Als einstige Saatbäume sind an dem Wege eingebracht: Wildkirsche, Bergahorn, Linde und Roßkastanie. Wir werfen zunächst einen Blick auf den Waldrand. Sie sehen dort zur Linken eine Zunge des Kiefernholzes von 80

Waldrand an freier Feldgrenze. Dem alten Kiefernbestand wurde ein Mantel von Laubgehölz vorgesetzt, dahinter ein Streifen gerodet und dicht mit Sträuchern und Kräutern bepflanzt. So wurden außer Wind-, Frost- und Austrocknungsschutz ideale Gelegenheiten zur Vogelhege geschaffen.

Oben:
Waldsaum des Sauener Reviers. Die Randbäume wurden zu reichlicher Kronenbildung und Tiefbeastung angeregt.

Rechts:
Sauener Waldmantel im Mai.

Jahren vorspringen, die für das Wachstum sehr ungünstig gestaltet ist. Ein Waldmantel ist nicht vorhanden. Die Stelle ist den aushagernden West- und Ostwinden ausgesetzt, die Sonne steht hinein, und so wächst der Unterbau nur sehr kümmerlich aus ihm heraus. Wir werden uns mit diesem lehrreichen Waldteil gleich näher beschäftigen.

Wir treten nun an den Waldrand heran und wollen uns zunächst klarmachen, welches die Hauptbedingungen für ein befriedigendes Wachstum bei unseren hiesigen Verhältnissen sind. Das wichtigste ist die Wasserfrage. Bei knapp 500 mm Niederschlägen haben wir genug Wasser für unsere hauptsächlichsten Baumarten, wenn wir sorgsam mit dem Wasser umgehen. Wir sind dagegen an der Grenze des Laubholzbaues angelangt, wenn wir das knappe Wasser noch verschwenden, was wir in unverzeihlicher Weise tun. Deshalb sehen Sie, daß in Sauen das Wasser auf alle nur mögliche Weise gespart und ausgenutzt wird. Diesem Zwecke entsprechen folgende Maßnahmen: Es werden Waldmäntel angelegt, die Wind und Sonne aus dem Bestande fernhalten und so die Verdunstung verringern. Der Waldmantel ist gerade an dieser Stelle hier trotz 23jährigen Bemühungen noch sehr mangelhaft. Erschwerend kam hinzu, daß vor meiner Zeit seitens der Landwirtschaft die Randbäume geästet wurden. Ich selbst habe alles Mögliche versucht, um heckenmäßig diesen Waldteil zu bemanteln. Das ist fehlgeschlagen, weil in der Dürre, in der Traufe und im Schatten keine Hecke wächst. Daß ich den Versuch nicht aufgegeben habe, sehen Sie an der Weißdornpflanzung.

Sie sehen weiter noch Airagras und Hungermoos. Das letzte zeigt oberflächlich schlechten Boden an, das erste läßt die Sommerregen nicht in die Tiefe dringen. Man kann es erleben, daß man unter ihm trockenen Boden findet, wenn man es durch Spatenstich nach einem starken Gewitterregen emporhebt. Dieser schädliche Bodenüberzug muß durchaus vernichtet werden. Sie sehen, daß anstelle dieser beiden unnützen Pflanzenarten an den meisten Orten infolge von Reisigdeckung das günstige Astmoos aufgetreten ist und weiterhin, wo der

Unterbau sich schon geschlossen hat, jedwede Bodenpflanzen fehlen. Das ist ein vorübergehend sehr günstiger Zustand. Wo der Unterbau etwas lockerer ist, herrschen Sauerklee und Anemone als Bodenpflanzen vor. Rechts vom unteren Wege sehen Sie den Waldmantel schon genügend geschlossen. Hier wurden unmittelbar nach Schluß des Krieges 60 Fuder mergelhaltiger Lehm auf den Morgen in der Ausdehnung eines etwa 20 m breiten Randstreifens gefahren. Der Einfluß dieser Maßnahme ist sehr in die Augen springend.»

Das Anlegen der durch vielgestaltige Vegetation verdichteten Waldmäntel hat sich als eine der wichtigsten Voraussetzungen erwiesen für das Gelingen des Sauener Versuchs. Es hat zugleich das Landschaftsbild in eigenartiger Weise verschönt. Die selbstgestellte Aufgabe war oft nicht leicht zu lösen, und Bier scheute keine Mühe, um auf immer neuen Wegen doch zum Ziel zu kommen.

«Denn ein guter Waldmantel ist eine der notwendigen Vorbedingungen für einen wüchsigen Wald. Er ist der warme Rock und der Panzer gegen die feindliche Außenwelt.»

Schon bald bestätigte sich, wie entscheidend der dicht geschlossene Vegetationsmantel für eine Verbesserung des Binnenklimas im Wald wurde. Sicher wäre die Gestaltung des Mischwaldes ohne die aufgewandte Mühe um den schützenden Waldmantel nicht in diesem Grad gelungen. Während in vergleichbaren Regionen nach mehreren harten Wintern beträchtliche Frostschäden überall sichtbar wurden, blieb das Sauener Revier verschont. Die Begrenzung der erzielten Frostsicherung entsprach genau den Reviergrenzen.

Die Funktionen der Waldmäntel betreffen im einzelnen:

- das Abhalten bzw. ‹Auffächern› des Windes, nicht zuletzt mit dem Erfolg, die Kohlensäure in Bodennähe zu halten;
- das Verhüten von Sturmschäden und Kälteeinbrüchen;
- das Schattenspenden zur Förderung des Bodenlebens und als Wasserverdunstungsschutz;
- das Schaffen von Horst- und Nistmöglichkeiten für Vögel.

Links:
Waldrand zur Blütezeit (Schneeball, Forsythien).

Oben:
Heckenartige Unterpflanzung des Waldrandes zur Bildung eines schützenden Waldmantels.

Rechts:
Mischwald mit Buchen-, Birkenbestand und eingesprengten Douglasien.

Unten:
Tiefästiger Randbaum. Auch zahlreiche Wildobstarten und Beerensträucher sind in den Waldsäumen angesiedelt und geben reichlich Wildnahrung.

Daneben geben die vielgestalteten Waldränder dem Sauener Revier – vor allem während der Frühjahrsblüte und bei herbstlicher Laubfärbung – einen unvergleichlichen Reiz.
Angesichts der großen Strecken offener Feldgrenzen war die Gestaltung des Waldsaums eine ebenso umfangreiche wie schwierige Aufgabe. Namentlich bei älteren Kieferbeständen mit ihren ausgeangerten Böden war es schwer, durch Unterbau nachträglich einen Waldmantel hochzuziehen. Wenn viele mühsame Versuche nicht zum Erfolg führten, entschloß sich Bier wiederholt, einen Streifen angrenzenden Ackerlandes zu opfern, um durch Neuanpflanzung einen Waldstreifen anzusetzen. Die bevorzugten Gehölzarten waren neben der Robinie, Eiche, Linde, Buche, Rüster und dem Feldahorn Wildobstarten und vielerlei Sträucher. Wo erforderlich, wurde durch Freistellen die Tiefbeastung der Randbäume gefördert.

Wegen der ungünstigen bioklimatischen Bedingungen an offenen Kieferwaldgrenzen wurden die Eigenschaften der zur Bepflanzung ausgewählten Gehölze sorgsam geprüft. Für die Anzucht funktionsfähiger Waldmäntel erwiesen sich folgende Eigenschaften als wichtig:

- Geringe Ansprüche an den Standort;
- Härte gegen Frost und Dürre;
- Fähigkeit, Schatten zu ertragen;
- Fähigkeit, Wildschäden – insbesondere Verbiß – zu ertragen;
- Gewähren ausreichenden Windschutzes;
- Eignung als Nistgelegenheit für Vögel und als Futterspender in Notzeiten;
- Fähigkeit, sich im benachbarten Bestand zu verjüngen;
- Beitrag zur biologischen Wildschadenverhütung;
- Verschönung des Landschaftsbildes.

Insgesamt fanden sich in den Waldsäumen des Reviers über 200 verschiedene Gehölzarten, die nach ihren unterschiedlichen Eigenschaften wohlausgewählt zu einer harmonischen Einheit zusammengewachsen sind und die erwarteten Funktionen voll erfüllen.

gedachten Aufgabe des Waldsaums oder der Hecke gerecht wurden.

«Wir betreten nunmehr das Innere des Jagen 1. Der Unterbau besteht in erster Linie aus Buchen, angeblich kroatischer Herkunft. Sie wurden im Jahre 1914 gesät und 3 Jahre lang gehackt. Dazwischen wurden 2- bis 4jährige Eichen gepflanzt, die mir als Traubeneichen verkauft wurden, aber Stieleichen waren. Ich wurde also bemogelt. Sie werden fragen, weshalb ich nicht einheimische, sondern ausländische Bucheln verwandt habe. Das hat seinen sehr einfachen Grund. Buchelmasten sind nicht häufig oder wenigstens nicht regelmäßig. Wartet man auf eine solche, so kann man darüber hinwegsterben. Übrigens haben sich die kroatischen Buchen, wie Sie sehen, sehr gut bewährt. Sie sind recht gut aufgelaufen, so daß sie einen

Links:
Neben dem heranwachsenden Laubholzunterbau zeigt sich reichlich entwickelter Bodenbewuchs.

Unten:
Dicht unterbauter Waldsaum in Frühjahrsblüte.

In vergleichbarer Weise wurde für die Bereicherung des Bodenbewuchses gesorgt. Gerade an den windexponierten Waldrändern oder ausgeblasenen Trockenstellen unter Stangengehölzen wirkte die Bereicherung der Bodenflora deutlich klimaverbessernd. Oft suchte man auch hier nach neuen Wegen. So wurden z. B. horstweise 6000 Herbstastern in 8 verschiedenen Wildformen und Kreuzungen auf trockenen Böden eingebracht.

Die Anlage von Waldmänteln und Hecken ist heute zu einem allgemeinen ökologischen Anliegen der Landschaftsgestaltung geworden. Die in Sauen bei vielen tausend Metern hervorragend gelungenen Unterpflanzungen der Waldränder sind Vorbilder, die vor mancherlei Fehlschlägen auf diesem Gebiet bewahren können. Handelt es sich doch um eine Aufgabe, die besondere Erfahrung erfordert und oft auch auf Schwierigkeiten bei der Beschaffung geeigneten Pflanzgutes stößt, da es ungenügend oder gar nicht in den Baumschulen gezogen wird.

Die nach Art und Sorteneigenschaft besonders hervorragenden Sträucher wurden ebenso wie die Saatbäume einzeln beerntet, die Samen einzelstrauchweise vorbehandelt, gesät, pikiert bzw. verschult. Auf diese Weise wurde es möglich, eine standortgemäße Auswahl und zugleich Gruppierungen zu erzielen, die den ökologischen Bedürfnissen der Pflanzen wie der

Entwicklung eines ‹wärmenden Waldmantels› durch Anzucht sturmfester Randbäume mit starker Belaubung. Heckenartiger Gürtel von vielfältigem Strauchgehölz. Eingebrachte Beerensträucher und Wildobst dienen der Vogel- und Wildhege.

dicht geschlossenen Unterbau geliefert haben, dabei sind sie schnell, gut und edel gewachsen. Es wurde alle 2–4 m in der Buchenreihe eine Eiche gepflanzt (Lochpflanzung). Dazwischen flog Birke an, die Eberesche wurde von Vögeln eingebracht, es wurde stamm- und horstweise Rüster, Linde, Wildkirsche, Fichte, Douglasfichte, Sitkafichte eingesprengt, um einen reichlich gemischten Unterbau zu erzielen. Dabei müssen Gegensätze gemischt, und zwar richtig gemischt sein, d. h. Laubholz steht neben dem Nadelholz, Flachwurzler neben dem Tiefwurzler, Humusverzehrer neben Humuserzeuger, Schattenholz unter Lichtholz usw. Die richtige Mischung muß auch in der Tierwelt vorhanden sein. Beispiel: Maulwurf und Regenwurm. Der erstere ist im Garten vielleicht auch schädlich, im Walde nur nützlich.

Sie sehen, daß der Unterbau sich bereits so geschlossen hat, daß die Angergräser vernichtet sind. Der Boden ist besonders unter den Buchen kahl, ohne daß sich Rohhumus gesammelt hätte. Eine schlechte Mischung, an der ich unschuldig bin, sehen Sie an der linken Seite dieses Weges. Dort finden sich starke Stieleichenstämme, die dicht mit Fichte unterbaut sind. Die Mischung ist deshalb schlecht, weil das dichtgeschlossene Dach der Fichten den Boden einerseits kühl und dunkel, andererseits, da diese Baumart viel Wasser verbraucht und den Regen zum großen Teil abfängt, trocken erhält. Die Stieleiche will warmen Boden, und zwar besonders will sie die Frühjahrssonne an ihrem Fuße und ferner will sie frischen Boden haben. Außerdem wächst die Fichte der Stieleiche zu sehr in die Krone und bringt durch Beschattung deren Zweige zum Absterben. Ein Klassiker der Forstwissenschaft, *Burkhardt*, hat diese Umstände kurz in die Worte gefaßt: ‹Die Eiche will einen warmen Fuß, aber einen kühlen Kopf haben.› Die schlechte Mischung läßt sich nur ganz allmählich beseitigen, da die Eichen die plötzliche Freistellung mit unangenehmer Wasserreiserbildung beantworten. Gemildert wird die fehlerhafte Mischung durch den verhältnismäßig frischen Boden, auf dem sie wächst. Deshalb sollen auch einige der schönsten Fichten schon aus Schmuckrücksichten stehenbleiben. Auch die berühmte Mischung Eiche–Rotbuche scheint mir nur für die Traubeneiche richtig zu sein, der Stieleiche wächst die Rotbuche zu sehr in die Krone hinein und bringt starke Äste durch Beschattung zum Absterben. Die Stieleiche aber braucht durchaus eine große Krone. Ich komme mehr und mehr zu der Überzeugung, daß die richtige Mischung Stieleiche und Weißbuche ist, weil die letztere langsam wächst und nicht so hohe Bäume liefert wie die Rotbuche. Das drückt sich schon darin aus, daß Stieleiche und Weißbuche Pflanzgemeinschaften sind. Ich brauche nur, wenn ich durch die Flußauen der Mark fahre, dort wachsende Stieleichen aufzusuchen, ich finde bei ihnen nicht Rotbuche, sondern die Weißbuche, wohl ein Zeichen, daß sie zusammengehören und sich gegenseitig fördern, ganz abgesehen davon, daß sie ähnliche Ansprüche an die Bodenfrische stellen. Leider bin ich zu dieser Erkenntnis erst gekommen, als ich schon die Stieleiche sehr ausgiebig mit der Rotbuche vergesellschaftet hatte.

Die märkische Forstästhetik hat von altersher an die Wege, auch in reinen Kieferngebieten,

Waldrand des Jagen 1. In der Bildmitte: vorgesetzte Pappelgruppe.

Schattenertragende Tannen unter dem Kiefernbestand.

Mischwald:
Hauptziel des Sauener Waldversuchs war es, das seit 200 Jahren vorwiegend aus Kiefer-Monokulturen und devastierten Ödflächen bestehende Revier in einen Mischwald von Dauer umzuwandeln. Bei der Wahl der Gehölzarten wurden die biologischen Bedürfnisse der einzelnen Arten sorgsam berücksichtigt. Das Ergebnis war ein harmonisches Beziehungsgefüge von hoher Stabilität und Regenerationskraft. In dem Revier werden heute 640 Gehölzarten gezählt.

Unterbau des Kiefernbestandes vorwiegend mit Douglasien. Üppige Entwicklung des Bodenbewuchses.

Unterbau vorwiegend von Tannen.

Mischwald mit selbst angesamten Sträuchern, Traubenkirsche. Reichlich entwickelte Bodenflora.

Herbstbild aus dem Sauener Revier.

In den Kiefernbestand eingebrachter Horst von Laubgehölz, vorwiegend Buchen.

Mit Laubgehölz unterpflanzter Kiefernbestand (Jagen 1).

Typisches Bild des Sauener Mischwaldes im Herbst.

Links:
Forstmeister Heinrich Bier im unterbauten Mischwald.

Rechts:
Mischwald im Frühjahrskleid.

mit Vorliebe Laubbäume als Schmuck gestellt. Sie sehen hier an diesem Wege Bergahorn. Ich fand allerdings hier nur die Stockausschläge zweier gefällter Bäume vor. Durch Vereinzelung der Triebe und Pflege des übrigbleibenden ist es mir gelungen, die beiden Ahorne wieder in die Kronen der Kiefern hineinwachsen zu lassen. Selbstverständlich werden die Kronen, nachdem die Bäume hochgewachsen sind, damit der Wind die Früchte genügend verwehen kann, wie bei allen Saatbäumen freigestellt, damit sie reichlich fruchten. Dieser Zustand ist hier schon erreicht. Die sich leicht verjüngenden Ahorne sollen die Lücken, die durch die Herausnahme der Fichten unter den Eichen entstehen, mit Früchten vollwerfen und ansamen. Sie sehen, daß das überall, wo Licht einfällt, schon im Gange ist. Ein kurzes Stück weiter stoßen wir bei unserer Wanderung auf einen zweiten Saatbaum, dessen Krone von mir freigestellt wurde, auf eine Aspe. Sie ist zwar ein Männchen, und die nächste weibliche Aspe steht sehr weit von ihr entfernt. Das macht aber nichts, denn Männer und Weiber finden sich immer. Ferner bemerken Sie, daß die Aspe durch den ungewohnten Reiz des vermehrten Lichteinfalles reichlich Wurzelbrut getrieben hat, worauf ich später zurückkomme.

Wir treten jetzt in einen Waldteil ein, dessen Bäume ich scherzweise den internationalen Kongreß nenne. Internationale Kongresse zeichnen sich nun dadurch aus, daß viel geredet und wenig geleistet wird. Reden können die Bäume glücklicherweise nicht, geleistet haben sie hier vorläufig recht Gutes, wenn man ihr Wachstum und ihren Gesundheitszustand in Betracht

zieht. Ob sie das auf die Dauer tun werden, ist allerdings fraglich, das Jugendwachstum ist ja nicht entscheidend für das endgültige Wachstum und ist doch der Ausländer zweifellos den größeren Gefahren durch Klima und Krankheiten ausgesetzt. Sie sehen hier auf kleinem Raum und in Gruppen miteinander gemischt vier Tannenarten, die nordamerikanische Abies grandis, die japanische Abies brachyphylla, die japanische Abies veitchii und die aus dem Kaukasus stammende Abies nordmanniana. Ferner von Fichtenarten die Picea alba und nigra aus Amerika und Kanada stammend, die Picea orientalis aus dem Balkan (?). Daneben und dazwischen noch einheimische Holzarten und Tuya gigantea und orientalis. Bis auf die Abies grandis wachsen sie vorläufig befriedigend bis sehr gut.
Ich habe das Ganze früher als nichts weiter als eine Spielerei angesehen, aber diese Spielerei ist doch sehr lehrreich geworden. Wenn Sie einen Blick nach rechts werfen, so sehen Sie, daß der Buchenunterbau unterbrochen ist durch einen fast reinen Eichenbestand, obwohl die Mischung von Buche und Eiche dieselbe war wie an anderen Stellen, wo man bei oberflächlicher Betrachtung nichts weiter als Buchen sieht. Wie erklärt sich dies?

Dieser fast reine Eichenbestand ist dadurch zustande gekommen, daß hier ein Frostloch war. Ich habe das Glück gehabt, durch Zufall aus dem Handel eine Eichenrasse zu erhalten, die sehr spät austreibt, wesentlich später als die Buche, mit der sie gemischt wurde. So ist in Frostlöchern die Buche zurückgefroren, und die Eiche hat einen Vorsprung vor ihr gewonnen. Dieses frühere Frostloch war dadurch entstanden, daß hier einmal eine Bodensenke sich befand und andererseits der Kiefernschirm fehlte. Aus diesem Frostloch aber ist durch das Heranwachsen des Mischwaldes ein gemäßigtes und neutrales örtliches Klima geworden, in dem die Bäume aus den verschiedensten Erdteilen ausgezeichnet gedeihen. Nicht nur richtet der Frost hier keinen Schaden mehr an, sondern der Seitenschirm sorgt durch reichlichen Unterbau für Windstille und Feuchtigkeit im Sommer und für die nötige Bodenwärme im Winter.
Wir nehmen jetzt einen Blick in das Nachbarrevier. Sie sehen den üblichen märkischen Kiefernbestand ziemlich scharf mit der Grenze abschneidend. Der liebe Gott hat in der Verteilung des Bodens auf der Grenze einen Strich gezogen. Den Boden im Nachbarrevier bedekken Angergräser, nur so weit, wie das Laub

Links:
Älterer Kiefernbestand mit jungem Buchenunterbau und eingesprengten Tannen. Üppiger Bodenbewuchs.

Unten:
In dem mit Laubgehölz unterbauten Kiefernbestand sind vielerlei Straucharten angesiedelt.

Oben:
Mischwald in der Herbstfärbung.

Unten:
Mit Stieleiche und Buchen unterbauter Kiefernbestand.

meines Unterbaues fliegt, Astmoos und noch günstigere Pflanzen. Dann treten wir auf mein Gebiet zurück, sehen im Unterbau größere Horste von Linde und Feldrüster, die ich im Unterbau oder Voranbau reichlich gebrauche und weiter anpflanze trotz der jetzt herrschenden verhängnisvollen Rüsternkrankheit. Oft werde ich deshalb von Forstleuten gefragt: Wie können Sie heute Rüstern anbauen? Dann stelle ich die Gegenfrage: Wie können Sie Kiefern anbauen, da sie doch von zahlreichen Parasiten und Infektionskrankheiten so befallen sind wie kaum andere Bäume? In den Kiefernwäldern haust die Nonne, die Forleule, der Spinner, der Spanner, der Schwamm und der Kienzopf. Ich weiß als Mediziner, daß auch die schwersten Seuchen, wie Pest und Cholera, noch nie die Menschheit ausgerottet haben, und so wird auch schon die Rüster ihre mörderische Seuche überwinden und sich behaupten.

Wir gehen jetzt die paar Schritte zu unserer internationalen Versammlung von Bäumen zurück. Da gestatten Sie mir einige kurze Bemerkungen über die sogenannten Exoten. Auch ihr Charakterbild schwankt ‹von der Parteien Haß und Gunst verwirrt in der Geschichte›. Die einen knüpfen an sie die größten Hoffnungen und wenden ihnen ihre ganze Liebe zu, die anderen verwerfen sie, wollen sie nicht in unseren Wald hineinlassen und, wo sie schon vorhanden sind, sie mit Stumpf und Stiel ausrotten. Meine Stellung dazu möge folgendes Erlebnis bezeichnen:

Ein berühmter und ausgezeichneter Forstmann, *Wiebecke*, der wegen seiner großen Schlagfertigkeit bekannt war, verdammte sie ohne Ausnahme in Grund und Boden. Ich fragte ihn: ‹Sie wollen also alle exotischen Pflanzen ohne Ausnahme ausrotten?› Das bejahte er. Ich entgegnete ihm: ‹Bitte, fangen Sie mit der Kartoffel, dem Weizen, der Lupine, dem Kirschbaum an.› Er blieb mir die Antwort schuldig und lenkte die Unterhaltung geschickt auf ein anderes Gebiet. Gewiß soll man im Anbau von Exoten äußerst vorsichtig sein und sie im allgemeinen nicht vor ihrem Tode loben. Man soll sie auch nicht in zu großem Umfange anbauen, aber es ist doch nicht zu verkennen, daß sie in vieler Beziehung eine Lücke ausfüllen und vieles leisten, was unsere einheimischen Bäume nicht können. Zum Beispiel ist es äußerst schwierig oder unmöglich, lückige Kiefernschonungen im Alter von 7 bis 10 Jahren, die ich in ziemlich großer Menge übernommen habe, auszubessern. Dies mit deutschen Kiefern zu bewirken, ist so gut wie unmöglich. Hier hat sich mir besonders die japanische Lärche ganz ausgezeichnet bewährt, an frischeren Stellen die Weymouthskiefer und die Douglasfichte. Hätte ich diese Kenntnis schon bei der Übernahme von Sauen gehabt, so würden meine damals verlückten Schonungen jetzt besser aussehen. Unter den exotischen Laubhölzern möchte ich die Edelkastanie und die Akazie nicht vermissen, sie sind vor allem hervorragende Bodenbesserinnen, besonders die letztere, und füllen wegen ihrer Schnellwüchsigkeit – die erstere noch wegen ihrer Schattenerträgnis – in hervorragender Weise Lücken aus. Zudem ist es doch sehr wünschenswert, unsere verhältnismäßig artenarme Baumflora durch fremde Arten zu bereichern.»

Seine erste und umfangreichste Aufgabe nach der Übernahme des Reviers sah Bier im Einbringen von Laubbäumen in den bestehenden Kiefernwald. In den ersten Jahren wurde in großem Umfang der Unterbau mit Rotbuche und Stieleiche betrieben. Daneben legte er im ganzen Revier auf kleinen Flächen Probepflanzungen an, durch die ermittelt werden sollte, ob sich für besondere geologische und/oder mikroklimatische Standortverhältnisse andere Kombinationen mit dem vorhandenen Kiefernbestand besser bewährten. Bier ging davon aus, daß die Kiefer – bisher der ‹Brotbaum des märkischen Waldes› – namentlich aus bioklimatischen Gründen in der Mark Brandenburg als wichtiger Teil auch des Mischwaldes erhalten bleiben müsse. Entscheidend für die Eignung zum Unterbau in dem vorhandenen Kiefernbestand war oft das Lichtbedürfnis der einzelnen Arten. Wo aus Gründen der Bodenbeschaffenheit das Unterpflanzen mit Rotbuche nicht angeraten erschien, experimentierte später insbesondere Heinrich Bier mit anderen schattenliebenden oder ertragenden Gehölzen, z. B. Acer tartaricum, Betula pendula und Betula lutea. Besonders erfolgreich war er mit vielen Tannenarten. Sehr bald wurden die den Standort verbessern-

Oben:
Der heranwachsende Mischwald zeigt reichliche Bodenbedeckung als Voraussetzung der Humusbildung.

Unten:
Mischwald mit eingesprengten Edeltannen.

Oben:
Kiefernbestand mit Edeltannen und Douglasien unterbaut. Üppige Entwicklung des Bodenbewuchses.

Unten:
Mischwald mit Unterbau von schattenertragenden Edeltannen.

den Eigenschaften von Robinia pseudoacacia erkannt und ausgiebig genutzt. Dabei wurden Abstammungen mit Schattenverträglichkeit und geraden Stämmen bevorzugt. Der Sauener Wald wurde so zum robinienreichsten Revier im gesamtdeutschen Sprachgebiet. 1963 berichtete Heinrich Bier, daß noch ‹weitere 27 ha unterpflanzt› worden seien. Sobald durch die Robinie die Standorte saniert waren, wurde eine Umwandlung des Bestandes eingeleitet. Verfahren dafür erarbeitete man mit Esche, Traubeneiche, Bergahorn, Schwarznuß, Douglasie und anderen Koniferen.

Bei der Suche nach standortangepaßten Unterpflanzungen kamen neben den natürlichen Waldgemeinschaften der norddeutschen Tiefebene manche andere Laubholzarten in das Sauener Revier. Bei Revierbegehungen erfahren wir darüber manches aus dem Munde August Biers.

Zur Anreicherung der Gesamtvegetation wurden auch zahlreiche Zwergsträucher, Kräuter, Gräser und Moose eingebracht.

Bei der Ansiedlung ausländischer Pflanzen wurde versucht, sich an – vermuteten – Pflanzenfreundschaften zu orientieren, indem Arten, die in ihrer Heimat mit bestimmten Bäumen vergesellschaftet vorkommen, hier ebenfalls benachbart angesiedelt wurden, so z. B.: Mahonia repens zur Douglasie oder Waldsteinmanniana geoides zur Abies nordmanniana und Picea orientalis.

Das Unterpflanzen der vorhandenen Bestände wurde stets als ein langfristig laufender Entwicklungsprozeß gesehen, bei dem der Unterbau von heute später einmal die vorherrschenden Bestände des Stufenwaldes abgeben würden. Man rechnete somit nicht mit den relativ kurzen Vegetationsperioden eines Baumbestandes gleicher Altersklasse, der im Kahlschlag total endet.

Wie schon erwähnt, wurden heute 460 Gehölzarten im Sauener Wald gezählt. 334 davon waren angebaut, darunter 172 Baumarten. Bei den Neupflanzungen wurden die als tastender Versuch eingebrachten kleineren Gehölzmengen nicht mitgezählt. Die übrigen Gehölzarten haben sich bei den veränderten biotopischen Verhältnissen selbst angesiedelt.

Aus diesen hohen Zahlen vertretener Gehölzarten sollte nicht geschlossen werden, daß eine vergleichbare Artenfülle den ‹guten› Mischwald kennzeichnen müßte. Der beherrschende Grundgedanke, Licht, Boden und Wasser für die Entfaltung einer reichen Vegetation und Tierwelt optimal zu nutzen, läßt sich auch mit einer bescheideneren Auswahl verwirklichen, sofern die Gehölzarten mit ihren Bedürfnissen sinnvoll aufeinander abgestimmt sind. Doch haben die Sauener Erfahrungen über die praktische Bedeutung des hier neu geschaffenen Waldklimas geholfen, die Vorstellungen von der Ortsgebundenheit mancher Gehölzarten zu korrigieren. Nicht wenige Baumarten, von denen bisher angenommen wurde, daß sie unter geographischen Verhältnissen, die dem Sauener Revier entsprechen, nicht gedeihen, wuchsen bei den veränderten mikroklimatischen Bedingungen des Sauener Waldes ausgezeichnet.

Das Vorhaben, im Sauener Wald eine wohlabgestimmte Beziehungsgemeinschaft der Pflanzen zu schaffen, stellte zwangsläufig die Frage nach dem Wesen natürlicher Pflanzengemeinschaften wie nach den Ursachen etwa beobachteter Unverträglichkeiten untereinander. Diese Überlegungen waren für das Neupflanzen ganzer Bestände ebenso wichtig wie für das Umgestalten der vorhandenen.

In der Natur beobachtete Gesellungen bestimmter Pflanzenarten haben eine wichtige Ursache in verwandten Ansprüchen einzelner Arten an Boden und Klima. Ebenso kann das Nichtzusammenpassen bestimmter Arten auf diese Weise erklärt werden.

Sieht man die Wechselbeziehungen zwischen Boden–Mikroklima–Pflanze als einen fließenden Entwicklungsgang, so werden die Beziehungen zwischen den benachbarten Pflanzen weit vielschichtiger. Die Standortbedingungen können durch eine primär angesiedelte oder mengenmäßig vorherrschende Pflanzenart so verändert werden, daß die biotopischen Verhältnisse den Bedürfnissen anderer Pflanzenarten entgegenkommen oder aber auch deren Lebensgrundlage gefährden.

Hierüber hinausgehend dürfte es andere sehr spezielle Vorgänge geben, welche die Pflanzensoziologie bestimmen. August Bier vermutete,

Oben:
Nach Unterpflanzen des ursprünglichen Kiefernreinbestandes mit Laubgehölzen kommt es zu einer generellen Bereicherung der Vegetation.

Unten:
Mischwald mit reichlich eingesprengten, selbstversamten Birken. Daneben Fichten.

Oben:
Mischbestand von Fichten und Birken. Die selbst eingesamten Birken wurden belassen.

Unten:
Blick in das dichte Kronendach des unterpflanzten Altbestandes.

daß feinstoffliche Abscheidungen einzelner Pflanzen eine Rolle spielen, ohne jedoch Genaueres dazu sagen zu können. Auch mechanische Beeinträchtigungen von zusammenstehenden Gehölzen können zu Gesellungsproblemen führen. So kann der im Wind bewegte Wipfel des einen Baums das Blätterdach des anderen beschädigen.

Neben Pflanzenfreundschaften und -feindschaften findet man auch ein neutrales Verhalten im Nebeneinander. Aus den reichen Erfahrungen Biers in diesen Fragen seien nur einige Stichworte vermerkt.

Pflanzenfreundschaften:
- Kiefer und Traubeneiche,
- Stieleiche und Weißbuche,
- Fichte und Kiefer (Lärchen mehr einzeln eingesprengt und lichtstehend),
- Robinie und Kiefer, Pappel, Traubeneiche, Esche, Linde, Douglasie,
- gute Mischung in der Senkrechten: Lärche und Buche, Eiche, wahrscheinlich auch Linde.

Pflanzenfeindschaften:
- Traubeneiche hält Rotbuche im Wachstum zurück,
- Robinie und Birke,
- unter Eichenbeständen kommt Eichennachwuchs schlecht voran.

Neutrales Verhalten:
- Robinie und Buche, Edelkastanie.

«Nehmen Sie einen Blick nach rechts und beobachten Sie, wie man sich gegen Kahlschlag des Nachbarn schützt. Der an diesem Bestandesteil angrenzende Bauer hatte bald nach dem Kriege dort, wo jetzt diese Schonung steht, einen Kahlschlag ausgeführt. Ein solcher pflegt den Nachbarbestand für mehr als 30 Jahre im Wachstum niederzuhalten. Ich habe sofort, als der Kahlschlag einsetzte, einen beträchtlichen Randstreifen stark mit Kartoffelkraut gedeckt. Sie können sich überzeugen, daß die schädliche Wirkung vollständig ausgeblieben ist. Bis an den Rand wächst der Unterbau freudig und gleichmäßig. Dasselbe zeigt Ihnen die Bodenflora.»

«Auf der rechten Seite sehen Sie das einzige größere Waldstück, was ich nur mit einer einzigen Holzart, und zwar der Rotbuche, unterbaut habe, lediglich aus dem Grunde, weil damals meine Eichen nicht reichten. Dafür ist aber massenhaft Birke angeflogen, so daß ein Mischbestand von Rotbuche und Birke hier den Unterbau bildet. Ich mache Sie darauf aufmerksam, daß in einem Randstreifen, so weit wie diese 37jährige Schonung an ihn grenzt, der Unterbau gänzlich im Wachstum zurückgeblieben, der Boden verdorrt und ausgeangert ist; das ist die Wirkung des damaligen Kahlschlages, die heute nach 30 Jahren noch fortbesteht. Um das unerfreuliche Bild zum Schwinden zu bringen, ist hier vor 2 Jahren eine Packung mit Reisig gemacht, das von anderswo her angefahren wurde.»

Bier ging hier auf die nachhaltige Beeinträchtigung der Bodenfruchtbarkeit durch den Kahlschlag ein. Im einen Fall betraf das Kümmern der Vegetation den Boden eines früheren Kahlschlages, im anderen die Auswirkungen eines angrenzenden Kahlschlages.

Das gleichzeitige Abholzen des gesamten Baumbestandes bedeutet den Extremfall eines Schocks für das vielfältige Beziehungsgefüge einer Waldgemeinschaft. Während der Betreuung des Reviers durch August und später Heinrich Bier wurde die Holzernte nie durch Kahlschlag vorgenommen.

Bei den tropischen Urwäldern ist es zu einer Schicksalsfrage für die Bevölkerung afrikanischer und südamerikanischer Länder geworden, daß mit der Rodung der Wälder in der Regel die Versteppung der Landschaft eingeleitet wird. Der Kahlschlag bedeutet hier den Zusammenbruch des auf einer relativ dünnen Humusdecke beruhenden Ökosystems.

So dramatisch sind zwar bei unseren mitteleuropäischen Verhältnissen die Folgen beim gleichzeitigen Abräumen des Baumbestandes nicht. Doch ist kaum zu bezweifeln, daß hier oft eine entscheidende Ursache für die Erkrankung der Waldböden zu suchen ist. Der Eingriff in das komplizierte Beziehungssystem des Waldes pflegt um so tiefer und nachhaltiger zu sein, je länger sich – aus welchem Grund auch immer – ein Wiederaufforsten verzögert.

Mit der starken Änderung des Waldklimas droht vor allem eine Beeinträchtigung des Bodenlebens, der Wasserführung und ein Verlust der Krümelstruktur des Waldbodens. August Bier sagte einmal: «Die Rückkehr zur Kahlschlagwirtschaft wäre der Sündenfall in der Waldwirtschaft.»

Für das Sauener Revier typischer Stufenwald mit Eichen- und Buchenunterbau des übernommenen Kiefernreinbestandes.

Bier suchte den Folgen der Totalabholzung mit einer Lupinenansaat, vor allem aber der immer wieder bewährten Bodenbedeckung durch Reisigpackungen oder Bedecken mit anderem organischen Material zu begegnen.

«Wir kommen hier zu einer Idealeiche (Quercus aequalis im Sinne Seitz). Schaft und Krone stehen im richtigen Verhältnis zueinander. Sie ist erst 120 Jahre alt und hat schon einen Brusthöhendurchmesser von reichlich 1 m. Ein Bodeneinschlag von 1,50 m Tiefe ergab nichts als humosen, frischen Sand. Selbstverständlich aber steht solch eine erstklassige Eiche mit ihren Füßen auf Lehm und im Wasser, denn von nichts kommt nichts. Ich spreche mit Aristoteles

Links:
Der von August Bier angestrebte Dreistufenwald. In Bildmitte hervorragend gewachsene Buche.

Rechts:
Das Bild zeigt die optimale Nutzung des Lichtraumes unter dem Schirm der lichthungrigen Kiefern. Hervorragende Stammformen der Kiefern.

hier von einer Pflanzenseele. Die Wurzel empfindet mit der Feinheit des Sinnesorganes Lehm und Wasser als Reiz. Der Empfindung folgt die Wahrnehmung, der Wahrnehmung die zielstrebige Handlung, d. h. sie schickt ihre Wurzeln nach dem ersehnten wasserhaltigen Lehm. Wenige Schritte weiter sehen Sie denn auch einen zweiten kleinen Wasserlauf, der ebenfalls aus dem schon genannten Bruche stammt und der zwei Staubecken durchfließt, um möglichst im Gebiete dieser Stieleichengruppe das Wasser zu halten. Von der herrlichen Eiche, die ich eben zeigte, sollen natürlich zahlreiche Nachkommen erzogen werden.»

«Von den zahlreichen Probepflanzungen, die hier im Jahre 1924 im Unterbau gemacht sind, weise ich auf zwei besonders hin, eine Esche, die kaum die Buchen überragt, also für Esche ein ungenügendes Wachstum zeigt, und eine Wildkirsche. Diese schien vorübergehend in den benachbarten Buchen unterzutauchen, hat diese aber in den letzten Jahren erheblich überholt, so daß ihre Krone beträchtlich überragt. Diese und ähnliche Erfahrungen an anderer Stelle haben mich veranlaßt, diesen herrlichen und nützlichen Baum in Sauen in einigen tausenden Stücken einzusprengen, die besonders als Saatbäume dienen sollen. Sie scheinen an den meisten Stellen dasselbe hervorragende Wachstum zu haben, wie es die jetzt 21 Jahre alten Probepflanzungen zeigen. Einige Schritte weiter stoßen wir auf eine ideale jüngere, etwa 30–40jährige Stieleiche, die vom Häher gepflanzt ist. Sie sehen daran, wie wir diesen edlen Baum pflegen. Sein Schaft ist lang genug, jetzt kommt es auf die Ausbildung der Krone an.

Prinzip des Mehrstufenwaldes:
Das Ideal des Mischwaldes sah August Bier in dem Mehrstufenwald, in dem entsprechend den unterschiedlichen Lichtbedürfnissen die einzelnen Gehölzarten so zusammengefügt wurden, daß sich die Kronendächer in drei bis vier Stufen entwickelten. Auf diese Weise erfolgte eine optimale Lichtausnutzung für die Photosynthese der Pflanzen. Die oberste Stufe wurde von der lichtbedürftigen Kiefer gebildet, darunter die Eiche, dann die schattenertragende Buche.

Typisches Bild des Sauener Stufenwaldes mit optimaler Nutzung des Lichtraumes durch die unterpflanzten Laubholzarten.

Das unterpflanzte Laubgehölz erreicht die Höhe des Fichtenaltbestandes.

In dem ursprünglichen Reinbestand von Kiefern entwickeln sich in der üppig gewordenen Bodenflora Nachwuchs von Tannen und Douglasien.

Samenernte vom Auslesesaatbaum.

Nachzucht genetisch wertvoller Gehölze: Die Freistellung, sorgsame Pflege und Beerntung genetisch besonders wertvoller Saatbäume und die Anzucht des Nachwuchses in eigenen Pflanzgärten ist ein Merkmal des Sauener Reviers.

Um sie zu ermöglichen, muß der Baum langsam freigestellt werden. Leider muß ihr bald auch dieser schöne, als Saatbaum gedachte, Ahorn zum Opfer fallen. Die Stieleiche bedarf überhaupt der sorgfältigsten Pflege. Als ich Sauen gekauft hatte, fragte ich den mitübernommenen Förster, ob es junge Hähereichen in nennenswerter Menge in den Kiefernschonungen im Revier gäbe. Dies verneinte er. Als ich aber daraufhin planmäßig den Wald durchwanderte, fand ich eine ganze Menge solcher Eichen vor, und zwar hauptsächlich Stieleichen. Sie sind durch langsame Freistellung zu recht ansehnlichen Bäumen herangewachsen, auch solche, die im Schatten der Kiefernschonungen so schwuppig geworden waren, daß sie sich umbogen und erst durch Pfähle vorübergehend gestützt werden mußten, bis sie im Lichtgenuß erstarkt waren. Auf diese Weise ist es gelungen, an den verschiedensten Stellen eingesprengte Eichen als willkommene Mischung zu erhalten, die sonst überwachsen und vernichtet wären.»

Die sorgfältige Auswahl und Pflege der zur Nachzucht ausgewählten Saatbäume war von Beginn des Versuchs an ein besonderes Anliegen August Biers. In späteren Jahrzehnten des Versuchs gab es über tausend solcher – einzeln registrierter – Auslesebäume. Diesen wurden durch behutsames Freistellen möglichst günstige Lebensbedingungen geschaffen, um sie reichlich fruchten zu lassen.

Als Maßstab für die Auswahl der zur Nachzucht bestimmten Bäume galt die Qualität des Stammes (Form, Wüchsigkeit, Holzqualität). Entsprechend der Hauptaufgabe im Sauener Revier, ältere Kieferbestände zu unterbauen, gehörten auch art- und typenbedingte Schatten- und Halbschattenverträglichkeit während der einzelnen Wachstumsperioden zu den beachteten Merkmalen.

Ebenso war die erwiesene Widerstandsfähigkeit gegenüber mikrobiellen, tierischen und pflanzlichen Schädlingen wie gegenüber extremen Wettereinflüssen für Bier ein entscheidendes Qualitätszeichen.

Bei jedem Gang durch seinen Wald beobachtete er Zeichen auffälliger Widerstandsfähigkeit der Bäume jeweils im Vergleich zu den Artgenossen in der näheren Umgebung oder den Nachbarrevieren. Er war ständig auf der Suche nach genetisch hochwertigen Varianten. In dieser strengen Nutzung des natürlichen Ausleseprinzips im Sinne Darwins sah Bier die wirksamste Handhabe, genetisch bedingte Anfälligkeiten des Gehölzbestandes zurückzudrängen.

Das schon in den ersten Jahrzehnten unseres Jahrhunderts beobachtete Massensterben einiger Baumarten (Weißtannen und Ulmen) löste damals widersprüchliche Meinungsäußerungen über die ursächlichen Zusammenhänge aus.

Der an den Erfahrungen der menschlichen Pathologie geschulte August Bier unterschied bei den Ursachen des Pflanzensterbens zwischen Erkrankungsbereitschaft infolge Abwehrschwäche und dem dazukommenden Befall durch spezifische Erreger viraler oder mikrobieller Art, Insekten oder größere Pilzarten.

Links:
Beim Ausästen eines als Saatbaum bestimmten Alleebaumes.

Rechts:
Registrierter Auslesebaum im Anflugbereich des Reviers.

Die primäre Abwehrschwäche konnte genetisch bedingt sein. In der Tat kommen in einem ‹verseuchten› Baumbestand immer wieder Exemplare vor, die bei gleicher Gefährdung gesund bleiben. Eine zweite Form der Widerstandsminderung kann auf dem Wege über Frost- und/oder Dürreschäden, zu viel oder zu wenig Lichteinwirkung und/oder Nährstoffmängel des Bodens entstehen. Wir denken heute in erster Linie an das Einwirken der Schadstoffe aus der Luft. Da auch die Resistenz gegenüber solchen vorschädigenden Einwirkungen nicht nur von Art zu Art, sondern auch innerhalb der einzelnen Baumarten unterschiedlich ist, verdienen die hohen Ansprüche an die Qualität der Saatbäume im Sauener Revier Beachtung und Zustimmung.

Vielleicht wird in der Pflanzenpathologie die Aufmerksamkeit oft zu einseitig auf die spezifischen Krankheitserreger gerichtet, deren Vorhandensein freilich zumeist leichter nachweisbar ist. Gegenüber den spezifischen Krankheitserregern werden in Sauen alle Maßnahmen biologischer Schädlingsbekämpfung im Rahmen der sorgsam gehandhabten Waldhygiene eingesetzt.

In der Diskussion um die Bedeutung absinkenden Grundwasserspiegels für das Baumsterben meinte Bier, daß namentlich bei älteren Bäumen Wassermangel dessen unmittelbare Ursache sein könne. Er dachte dabei an Bäume, die über lange Zeit ihren Wasserbedarf in einer bestimmten Bodenschicht gedeckt haben und nicht – mehr – in der Lage sind, neue Wurzeln in größere Tiefen zu schicken. Es könne aber auch sein, daß die Schwierigkeiten im Wasserhaus-

Oben:
Als Samenspender geeignete Alleebäume an der Luvseite des Reviers werden besonders gepflegt.

Unten:
Reviereigener Pflanzgarten zur kontrollierten Anzucht genetisch hochwertiger Gehölze.

halt zur Widerstandsminderung des vorgeschädigten Pflanzenorganismus geführt haben, also ein durch Umwelteinflüsse hervorgerufenes ‹Immunversagen› vorläge. Der optisch hervorstechende Parasitenbefall überdecke dann oft die wichtige primäre Ursache der Erkrankung.
Am Beispiel der Weißtanne diskutierte Bier die Frage, ob nicht das Verpflanzen dieser Baumart in eine ihren Bedürfnissen nicht entsprechende Region Ursache für deren Widerstandsschwäche sei.
«Die Tanne ist, wie andere Waldbäume, vielfach über die Grenzen ihres natürlichen Verbreitungsgebiets hinaus angebaut worden und ist damit in eine ihr nicht zusagende Umwelt – ‹Milieu ambiant› sagt Biolley – gebracht worden, und es konnten sich auf ihr infolgedessen Insekten in einer Weise vermehren, wie das nicht möglich war, solange sie in ihrer Heimat unter ihr völlig zusagenden Lebensverhältnissen war. Gerade die in der Schweiz gemachten Studien zeigen, daß die Weißtannentrieblaus hauptsächlich an den Schattennadeln der Tanne ihre Verbreitung findet, und ich glaube, daß eben derartige Nadeln häufiger gebildet werden, wenn ein Baum in einem ihm nicht zusagenden ‹Milieu ambiant› zu leben gezwungen ist. Daß eine Massenvermehrung, wenn sie in einem Wuchsgebiet entstanden ist, das der Wirtspflanze nicht zusagt, auch auf die Heimat übergreifen kann, sehen wir deutlich an der Weißtannentrieblaus, die in dem warmen Klima Heidelbergs erstmals festgestellt wurde, die sich aber dann auf alle Weißtannen vom Nordrand der Alpen bis nach Dänemark ausgebreitet hat.»
«Sodann ist wohl maßgebend, daß die Tannenlaus erst mit Picea orientalis bei uns eingeführt wurde, sich aber dann ganz an die Tanne angepaßt hat.»
«Dürrejahre zerstören oft einen erheblichen Teil der Fasernwurzeln der Tanne. Das gut durchlüftete, wenig Harz führende Holz der jungen Jahrringe erleichtert dann das rasche Wachstum des Agaricus melleus (Hallimasch), der im Frankenwald 1921, in Baden-Baden 1911 den schon geschwächten, auch von Ips curvidens und Cryphalus Piceae befallenen Tannen den Todesstoß versetzte. Meist beginnt die Erkrankung mit Weißtannentrieblausbefall, der einen Teil der

Krone zum Absterben bringt, indem durch das Saugen der Läuse die Saftleitung unterbrochen wird, dann folgen die Käfer und endlich der Hallimasch.»

«Die meisten auf der Kiefer lebenden Insekten, insbesondere die Borkenkäfer, bevorzugen saftstockende Bäume, weil ein gesunder Baum, der auch bei Massenvermehrung von ihnen befallen wird, so viel Harz ausscheidet, daß sie darin ersticken. Das ist ja ein ganz schönes Beispiel dafür, wie sich die Natur selbst schützt.»

Die kurzen Andeutungen über die Stellung Biers zu Fragen der Waldgefährdung zeigen drei für ihn gleich wichtige Angriffspunkte:

1. Die strenge Auswahl des genetisch Besten, betrieben unter Berücksichtigung auch der pflanzlichen Widerstandskraft.
2. Die Steigerung der pflanzlichen Abwehrleistung als Gesamtergebnis einer bionom geführten Waldwirtschaft.
3. Direkte Bekämpfung schädigender Faktoren durch biologische Schädlingsbekämpfung und die Methoden einer guten Waldhygiene, die vor allem die Möglichkeiten der Nahinfektion zu bekämpfen sucht.

«Ich zeigte Ihnen zunächst ein lehrreiches Experiment, das ich an anderen Orten und mit anderen Pflanzen oft mit stets gleichem Erfolg wiederholt habe. Sie sehen hier eine Rotbuche, die ihre Nachbarn mindestens um das Doppelte überragt und durch ihre Kräftigkeit und Üppigkeit auffällt. Bei ihr hat 18 Jahre ein Kiefernzweig gelegen, der ihren Fuß bedeckte. Dieser Zweig wurde so oft erneuert, bis er zusammengesunken und annähernd vermodert war. Was wir gewöhnlich bei der Reisigdeckung sehen, wiederholte sich auch hier. Je öfter Reisig auf den Boden gelegt wird, desto schneller verwest es.»

«Wenige Schritte weiter sehen Sie das Experiment an einer geeigneteren Pflanze, der anspruchsvollen Weißbuche, wiederholt. Diese paßt ja für den dürren und dürftigen Boden, den Sie hier vor sich sehen, durchaus nicht, daher auch das geschilderte kümmerliche Aussehen. Ich habe sie planmäßig auf solchen Böden angebracht, um einen Merkbaum zu haben, der mir anzeigt, wann der Boden so weit gebessert ist,

Oben:
Genetisch wertvoller Birkenhorst mit hervorragender Stammform. Ostpreußische Herkunft des Pflanzgutes. Ein Beispiel für die sehr hohen Anforderungen August Biers an die Qualität des Pflanzgutes. (Foto H. Apitz)

Unten:
In der Schaftentwicklung hochwertiger Eichennachwuchs genetisch guter Herkunft. (Foto H. Apitz, 1956)

Linke und rechte Seite: Als Saatbäume ausgewählte Bäume im Einflugbereich des Reviers.

Linke und rechte Seite: Als Saatbäume ausgewählte Bäume im Einflugbereich des Reviers.

Pflanzgarten im Sauener Revier.
Das aus ausgewählten, gezeichneten und kartierten Saatbäumen gewonnene Saatgut wird nach seiner Herkunft gesondert in eigenen Pflanzgärten kultiviert.

daß der anspruchsvolle Baum anfängt zu wachsen. Hier sehen Sie eine übermannshohe Weißbuche, die vom Jahre 1918 bis 1934 in derselben Weise behandelt ist, wie die Ihnen eben gezeigte Rotbuche. Sie übertrifft im Wachstum alle auf der Waldzunge stehenden Artgenossen mindestens um das Zehnfache. Seit 1934 habe ich die Reisigdeckung ihres Fußes aufgegeben, weil sie sich unmittelbar über dem Erdboden eine dichte Hose von Zweigen gebildet hat, die genau so wirkt wie die Reisigdeckung.
Denselben Versuch, den ich Ihnen hier an Rotbuche und Weißbuche zeigte, habe ich an verschiedenen Stellen von Sauen teils mit Einzelstämmchen, teils mit Gruppen von anderen Bäumen, die wahllos aus dem Bestande herausgewählt waren, mit stets dem gleichen Erfolg wiederholt. Ich werde es Ihnen noch an einer Gruppe von Edelkastanien und an einer von Stieleichen sehr überzeugend vorführen.»
«Wir treten jetzt zurück in den wüchsigen Bestand und folgen dem Hauptwege. Hier sehen Sie zur Rechten einen außerordentlich dichten und üppigen Laubholzunterbau, der noch vollständig undurchreisert ist. An dieser Stelle prophezeite mir bei dem ersten forstlichen Ausfluge, der nach Sauen unternommen wurde, ein hervorragender Forstmann: ‹Die Wurzelkonkurrenz ist hier so ungeheurlich, daß Ihnen der erste dürre Sommer die ganze Sache über den Haufen werfen wird.› Diese Prophezeiung hat sich als falsch erwiesen. Wir haben in den Jahren 1934 und 1935 so entsetzliche Dürresommer gehabt, wie vielleicht seit 100 Jahren nicht. Trotzdem ist mir hier in dem überdichteten Bestande nicht eine einzige Pflanze verdorrt oder in ihrem Wachstum sichtbar geschädigt, während die angeblich Dürre vertragende Birke an Orten, wo die Wurzelkonkurrenz gering war, vielfach vertrocknet und abgestorben ist. Dasselbe gilt für die Fichte, was bei ihrer Wasserbedürftigkeit nicht auffällig ist. Offenbar führt die Vernichtung der früher hier vorhandenen Angergräser und Beerenkräuter, die die Sommerregen nicht eindringen lassen, durch den Unterbau zu einer solchen Verbesserung der Wasserverhältnisse, daß der vermehrte Verbrauch von Wasser durch den dichten Bestand dabei gar nicht in Betracht kommt. Außerdem hält die Buche trotz ihrer dichten Belaubung im Gegensatz zur Fichte den Regen nicht auf, sondern läßt ihn auf den Boden kommen. Davon konnte ich mich überzeugen, als ich einst bei einem Regenschauer unter dem dichten Blätterdach dieser Buchen Schutz suchte. Es regnete fast augenblicklich durch.
Wenn Sie diesen Unterbau besehen, so kommen Sie zu der Meinung, daß er ganz einseitig aus Buchen besteht. Ich bitte, mir etwas tiefer in den Unterbau zu folgen, dann werden Sie sehen, welch herrliche Eichen in genügender Anzahl, um einen Bestand zu bilden, darin vorhanden sind. Sie verdanken ihr Dasein folgendem Umstand: Im Jahre 1914 pflanzte ich in die Buchensaat auf je 2–4 m Entfernung teils 2jährige, teils 4jährige verschulte Eichen, die mir als Traubeneichen verkauft waren, sich aber als Stieleichen entpuppten. Nur wenige von diesen Eichen sind übriggeblieben. Die übergroße Mehrzahl ist von den Buchen überwachsen und getötet oder kümmert noch als armselige, schwuppige Bäumchen unter dem dichten Blätterdach der Buchen. Die übriggebliebenen sind natürlich eine ganz hervorragende Auslese, da sie im Schatten des Hauptbestandes mit den Buchen Schritt gehalten oder sie sogar über-

wachsen haben. Ferner sehen Sie, daß überall einzelne Anflugsbirken, durch Drosseln verbreitete Ebereschen und einzelne Fichtengruppen, die ich an geeigenten Stellen angelegt habe, eingesprengt sind, um eine bunte Mischung des Unterbaues zu erhalten.»
Wir kommen zum Jagen 2:
«Der größte Teil von Jagen 2 befindet sich noch im Gatter. Die Abteilung, die Sie hier sehen, war 1913 noch Ödfläche, bestockt mit vereinzelten Kiefernkusseln, angeflogenen Birken und hier und da Roterlen. Der Wuchs war krüppelhaft wegen stagnierender Nässe. Der damalige Förster sagte mir: ‹Hier geben Sie sich keine Mühe, hier wächst nichts, wir haben schon alles mögliche zu pflanzen versucht.› »
«Ich habe nach Ziehen einiger Wassergräben, die sehr prompt wirkten, weil Vorflut vorhanden war, eine streifenweise Mischung von grünen Douglasfichten und Ruchbirken dort untergebracht unter stammweiser und gruppenweiser Beimischung von Grauesche, Stieleiche, Feldrüster, Schwarzesche, Aspe, einer kleinen Gruppe von Sitkafichte, der grauen Douglasfichte (Cäsea und Glanca), der Weymouthskiefer und einheimischer Fichte. Sie sehen, welch herrlicher Bestand daraus erwachsen ist, obwohl die Douglasfichten in dem Frostloch zweimal jährlich erfroren und ich ihnen durch Bodenverwundung erst einen Schirm von Birken ziehen mußte, von der Birkenallee anfliegend, die Sie hier gerade das Jagen durchziehen sehen. Die Birken haben die Douglasfichten mit in die Höhe genommen, sind dann von ihnen überwachsen und getötet worden. Das nennt man Dankbarkeit in der Natur. Aus den Birken sind schon eine ganze Reihe als Deichselstangen verkauft, von den Douglasfichten ist Schmuckreisig geerntet, womit gleichzeitig die erwünschte Ästung verbunden war. Ich habe dies nicht ohne Bedenken geschehen lassen, da ich es für möglich halte, daß das zur Douglasfichte gehörige Waldklima ungünstig beeinflußt wird und daß sich starke Hirsche einmal die glattgemachten Stämme zum Fegen und Schlagen aussuchen. Im ganzen haben Sie jetzt statt der früheren Ödfläche ein Bild strotzender Üppigkeit. Wir fahren jetzt in die Birkenallee hinein. Zur Rechten die Ihnen eben beschriebene Mischung, die dem frischeren Anteil angehört, zur Linken eine öde Sand- und Kieskuppe, bestanden mit 34- bis 35jährigen Kiefern mäßiger Rasse, die durch Forleulenfraß stark verlichtet sind. Man riet mir, sie runterzunehmen, ich habe sie aber stehenlassen und angefangen, mit Kartoffelkraut zu decken, um den Häher zum Eichenunterbau zu reizen. Ebenso beabsichtige ich, vom Westen und Süden her Wurzelausschlag von Akazien zu ziehen, die am Feldrande und am Straßenrande als Schmuckbäumchen stehen, und von Osten her Edelkastanien unterzubringen. Auf der rechten Seite kommen wir weiter am Hang zu etwa 70jährigen Kiefern, die mit Fichten, Douglasfichten und Feldrüstern unterbaut sind. Der Weg führt auf eine 19 Morgen große Keudellkultur von Fichten und Douglasfichten. Hier schnitt in für den Wald sehr ungünstiger Weise das Feld tief ein. Ich war deshalb froh, als der landwirtschaftliche Pächter Neigung zeigte, dieses Stück, das nur mäßige Ernten brachte, zur Aufforstung freizugeben. Es war ein gewagtes Experiment, hier Fichten hinzusetzen, zumal es sich um eine Frostlage handelt, aber mein Pflanzenlieferant hat mir seit Jahren die spät austreibenden Fichten aufbewahrt, und in der letzten Zeit habe ich die spät austreibende Pförtener

Entwicklung des Dreistufenwaldes im unterpflanzten Kiefernrevier. Die Kronenentwicklung entspricht dem unterschiedlichen Lichtbedürfnis der Gehölzarten: Kiefern, Traubeneichen, Buchen. Deutliche Begrünung des zuvor mit Kiefernstreu und Rohhumus bedeckten Bodens. Nistkasten an der Kiefer links im Bild.

Markante Grenze zwischen herkömmlich bewirtschaftetem Privatwald und dem Sauener Revier. Der schroffe Übergang zwischen der artenreichen, üppigen Vegetation des Bier'schen Waldes, rechts im Bild, und der weit dürftigeren des Nachbarreviers (links) ist eines der augenfälligsten Merkmale des Bier'schen Waldes.

Fichte des Grafen Brühl verwandt. In der Folge davon hat der Frost im wesentlichen nur den Douglasfichten geschadet, die, obwohl älter, noch hinter den deutschen Fichten zurückbleiben. Sie sollen einmal den endgültigen Bestand bilden, und mir ist gar nicht bange um sie, obwohl sie jetzt sehr mäßig aussehen. Die deutsche Fichte wird sie mitnehmen, von ihr überwachsen werden, während sie allmählich herausgezogen wird. Sie werden fragen: ‹Wie kommen Sie dazu, einen mäßigen Acker mit Fichten aufzuforsten, und welches ist das Geheimnis des vorzüglichen Wachstums dieser Fichten?› Das ist einmal der kleine Wasserlauf, der mitten durchgeht, und andererseits die Keudellkultur, deren Vortrefflichkeit Sie heute noch an überzeugenden Beispielen erkennen werden.
Wir kommen weiter nach der Grenze zu. Hier sehen Sie ein zweites gewagtes Experiment. Der kleine Wasserlauf ist eingestaut und auf scheinbar armseligen Boden, der sich im unmittelbar daneben befindenden Nachbarbestande deutlich kenntlich macht und den auch das kümmerliche Wachstum des lückigen, durch die Forleule schwer mitgenommenen etwa 70jährigen Kiefernbestandes zeigt, habe ich die Bestandeslücken mit der Feldrüster, dem Aristokraten des Waldes, und etwas zwischengesprengter Fichte ausgefüllt. Das Wachstum der eingesprengten Rüster ist über Erwarten gut. Ein Zeichen dafür, daß die Waldfrage bei uns die reine Wasserfrage ist und wir alle Hebel in Bewegung setzen müssen, den Wasserhaushalt zu regeln und richtig zu gestalten.»
«Ich fahre Sie jetzt um diese Abteilung herum. Ich bitte, dabei zu beachten, wie das Kiefernwachstum genau mit dem Wurzelbereich der Akazie Schritt hält. Soweit dieser geht, grüner Bodenüberzug und beträchtliches Kiefernwachstum, wo er noch fehlt, Hungermoos und stockendes Wachstum der Kiefer. Unter der Akazie tritt auch schon Brombeere und ziemlich reicher Höherunterbau von Eiche ein.»
«Wir werden der Akazie noch vielfach als Vorfrucht und Unterbau in weit älterem und vorgeschrittenerem Zustande begegnen und viel besser sehen, was sie aus dem Boden macht, als das hier der Fall ist. Sie sehen aber schon einen Teil der Stufenfolge der Bodenpflanzen, die sie im Gefolge hat, hier vorhanden. Dem Hungermoos folgen zuerst Gräser und wenig erfreuliche Quecken, diesen die Brombeere, die das Gras abtötet und unter ihrem dichten Blätterdach Gartenboden macht. Soweit sind wir hier schon an einzelnen Stellen, anderswo, wo schon Akazienwurzelausschlag in größerer Menge vorhanden und älter ist, folgt der Schwarze Holunder, der die Brombeere wieder abtötet und den Boden noch weiter verbessert. An anderen Stellen werden Sie unter älteren Akazienbeständen noch die Brennessel in größerem Maße auftreten sehen, die eine noch höhere Stufe der Bodenbesserung anzeigt. Die Akazie wirkt vor allen Dingen durch drei wichtige Beeinflussungen des Bodens. Sie bringt erstens Stickstoff, zweitens sehr schnell verweslichen schönen Humus, drittens lockert sie den Boden. Ich zeige Ihnen hier, wie ich meinen Stock fast bis an die Krücke mühelos in den Boden schiebe. Der Holunder ist zweifellos eine Folge der Stickstoffanreicherung durch die Akazie.»
«Inzwischen sind wir bei einem Zeugen aus alter Vergangenheit angelangt, der zeigt, was für Kiefern auf unseren Böden wachsen, wenn man sie nur alt genug werden läßt. Es ist eine Seitzsche Plattenkiefer. Ihr Alter ist nicht

Waldrand, eines herkömmlich – nach dem Prinzip der Kahlschlagwirtschaft – geführten Nachbarreviers. Es fehlt der bioklimatisch schützende Waldsaum in Form von Bodenbewuchs, Sträuchern und tiefästenden Bäumen. Etwa 100 m hiervon entfernt ist es unter dem Schutz von hohen Reisigpackungen gelungen, einen etwa gleichaltrigen Kieferbestand durch Laubgehölz zu unterbauen (rechtes Bild).

bekannt, sie wurde von *Seitz*, der sie einmal mit großem Widerstreben meinerseits mit dem Zuwachsbohrer angebohrt hatte, auf etwa 270 Jahre geschätzt. Die Kiefer ist nur ungefähr 22 m hoch, offenbar sehr ästig erwachsen und hat in Brusthöhe etwa 1,10 m Durchmesser. Sie ist schwammkrank und hat eine Reihe von Spechtlöchern. Sie ist der einzige Schwammbaum, den ich bewußt habe stehenlassen. Während der Forleulenplage wurde sie 2 Jahre hintereinander kahlgefressen, erholte sich aber wieder, um vor einigen Jahren anzufangen zu kränkeln, indem sie fast alle Nadeln abwarf, obwohl sie durch Durchforstung des heranwachsenden neuen Bestandes allmählich freigestellt war. Sie schien dem Tode verfallen, wurde aber durch eine nabelhohe Packung mit Reisig im weiten Umkreise (Mulchung) gerettet. Sie hat wieder genügend Nadeln und hat in diesem Frühjahr sogar geblüht, so daß ich hoffe, daß sie noch Zapfen tragen wird und man so ihre Rasse fortpflanzen kann.»

«Wir treten jetzt in einen etwa 800 Morgen großen Waldteil, in dem die älteren Kiefernbestände gleichmäßig in folgender Weise unterbaut sind: Abwechselnd wurden 8–10 m breite Streifen mit einjährigen Buchen und mit einjährigen Traubeneichen bepflanzt. In die Eichenreihen wurden außerdem noch Weißbuche und Linde gesät. Die Buchen und Eichenpflanzen waren geklemmt, die Pflanz- und Saatreihen waren einige Monate vor der Bestellung mit einem Untergrundpflug, der ein scharfes Kolter mit einem einzigen diesem folgenden Gänsefuß trug, aufgerissen. Das scharfe Kolter schnitt die oberflächlichen Kiefernwurzeln durch. Der Un-

Markante Grenze zwischen dem Sauener Revier und herkömmlich bewirtschaftetem Forst: Das unterschiedliche Erscheinungsbild des nach bionomen Gesichtspunkten geführten Sauener Waldes und der herkömmlich bewirtschafteten Nachbarreviere ist sehr augenfällig. In einem Übergangsstreifen von 30–50 m ändern sich Standortfruchtbarkeit, Vegetationsfülle aber auch Anfälligkeit gegenüber Frost- und Sturmschäden erheblich.

tergrundpflug wurde von zwei schweren Pferden gezogen; wenn das Kolter einen Stein oder eine starke Kiefernwurzel packte, waren in die Kummetgeschirre Federn eingespannt. Das ganze Gerät wurde vom Dorfschmied nach meinen Angaben hergestellt. Das so behandelte Waldgebiet wurde mit Gattern versehen. Es ließ sich nun nicht vermeiden, daß in diese großen Gatter Wild hineingeriet. Dieses hat die Reihen der Eichen so verbissen, daß sie, wie die miteingesäten Linden und Weißbuchen, anscheinend verschwunden sind, während die Buchenreihen bis mannshoch daneben stehen. Bei genauerem Zusehen entdeckt man noch die zurückgebliebenen Stummel der Eichen, Weißbuchen und Linden. Daß lediglich der Wildverbiß hieran schuld ist, mag Ihnen dieses kleine wilddichte Gatter hier beweisen, das erst seit einem Jahr steht. Sie sehen, daß Eichen, Weißbuchen und Linden kräftige Triebe gemacht haben. Es waren, um die Reihen auszufüllen, Douglasfichten zwischengesetzt. Das ist vollständig unnötig gewesen, denn der Bestand an Eichen, Weißbuchen und Linden ist noch völlig vorhanden.»

«Zur Linken sehen Sie einen Bestand aus Eichen, Linden, Bergahorn, Rotbuche, Weißbuche, Roteiche, der dadurch bemerkenswert ist, daß Lücken mit der Feldrüster ausgebaut sind. Diese ist an frischen Stellen wegen ihrer Schnellwüchsigkeit und wegen ihrer Fähigkeit, Seitenschatten zu ertragen, einer der besten Lückenbüßer der Laubholzarten.»

«Ich führe Sie jetzt zu einem Renommierstück. Sie sehen vor sich eine 55jährige typische Seitzsche Schuppenkiefer mit Douglasfichten ähnlichem Wuchs. Die Kiefer enthält etwa 4 Festmeter Derbholz und wurde von den meisten Forstleuten, die ich schätzen ließ, für 100–120 Jahre alt gehalten. Die Gründe für ihr schnelles Wachstum sind mannigfaltiger Art: 1. Das Schnellwachstum ist eine uralte Eigenschaft dieser Kiefer. 2. Sie war einstmals ein Randbaum dieses Bestandes. 3. Sie hat den optimalen Standort für die Schuppenkiefer, den Übergang vom Bruch- zum Höhenboden. 4. Ich habe sie seit dem Jahre 1913 immer stärker frei gestellt. 5. Ihr Fuß und dessen Umgebung ist mehrmals mit Reisig bepackt. Die Kiefer verdient es, weiter gezüchtet zu werden. Seitz hat bereits Samen von ihr bekommen. Ich weiß wohl, daß das schnelle Wachstum oft nur auf Kosten der Güte des Holzes zu erreichen ist. Immerhin dürfte es aber wohl unter allen Umständen nützlich sein, eine so schnellwüchsige Kiefer, wie wir sie hier beobachten, heranzuziehen.»

«Zu einer weiteren größeren Lücke kommen wir in der Mitte des Bestandes. Hier habe ich ein recht interessantes Experiment ausgeführt. Ich brachte in diese Lücke im wesentlichen Stieleiche mit dazwischen gepflanzten Weißerlen und etwas Bergahorn. Diese Nachbesserung wurde 3 Jahre lang gehackt. Dann wurde das ganze Stück so hoch mit Reisig bepackt, daß nur die Endknospen der Eichen heraussahen. Diese sehr stark wachsenden Weißerlen wurden so weit gekappt, daß sie die Eichen nicht überragten und unterdrückten. Hier sehen Sie das eindrucksvolle Bild, daß das zur Lückenausfüllung verwandte Laubholz die erheblich vorwüchsigen Kiefern vollkommen eingeholt hat und mit ihnen zusammenwächst. Das wäre ohne die Maßnahme des Hackens und der Reisigdeckung nicht möglich gewesen. Die Weißerlen, die entsprechend zurückgehalten wurden, sind überwachsen und getötet.»

«Bei weiterem Durchgehen des Bestandes mache ich Sie darauf aufmerksam, daß an den verschiedensten Stellen meine beiden Lückenbüßer, japanische Lärche und Weymouthskiefer, sich sehr gut bewährt haben. Meine beste Lükkenbüßerin unter den Laubbäumen, die Edelkastanie, kannte ich im Jahre 1914 noch nicht, sonst hätte ich sie wohl mitverwandt.»

«So ist diese Abteilung ein schönes forstliches Experiment geworden, das natürlich kostspielig war. Hätte ich den ganzen Bestand umgehauen und neu aufgeforstet, so wäre ich wohl billiger dabei weggekommen. Oberflächlich besteht der Boden aus Sand, doch zeigte das großartige Wachstum der Stieleiche, daß sich natürlich in der Tiefe Lehm befindet, den die Wurzel schon erreicht hat.»

«Ich hoffe, Sie haben vorhin beim Eintritt in diese Abteilung die schönen Linden nicht übersehen, die an der Luvseite angebracht sind, um als Saatbäume zu wirken, was sie jetzt nach 21 Jahren schon im beschränkten Maße tun. Auch

Etwa 40jähriger herkömmlich bewirtschafteter Kiefernwald (100 m vom Bier'schen Revier entfernt). Völlig ungeschützter Waldrand. Es fehlt nahezu jeder Bodenbewuchs. Das Bild entspricht etwa dem Zustand des Sauener Reviers von 1912.

die Bergahorne sind so in der Schonung verteilt, daß sie einstmals als Saatbäume wirken sollen. Ich brauche wohl nicht zu erwähnen, daß die ganze Aufbesserung bei dem hiesigen Wildstande nur unter Gatter möglich gewesen ist. 20 Jahre hat dieses gestanden. Die Schonung ist über Erwarten hoch gewachsen, und doch ist das Gatter zu früh gefallen, denn fast sämtliche Weymouthskiefern sind noch im Alter von über 20 Jahren vom Rotwild geschält.»

«Nunmehr kommen wir an Südhänge, die mit etwas verlichteten, etwa 70 Jahre alten ziemlich schlechtwüchsigen Kiefern bestanden sind. Sie wurden im Jahre 1919 mit Edelkastanien unterbaut, die über alles Erwarten gut gewachsen sind.»

«An den Hang, an dem unser Weg vorüberführt, sind die Edelkastanien als einjährige Sämlinge gepflanzt. An einem parallellaufenden zweiten Südhang sind sie gesät. Sie befanden sich in einem großen Gatter, das damals nicht ganz wilddicht war. Die Saat ließ ich aber trotzdem ausführen, weil die Sauen die Früchte noch nicht kannten. Als sie sie erst kennengelernt hatten, waren sie so dahinter her, daß keine Saat mehr hoch kam. Übrigens ist unter annähernd gleichen Verhältnissen an beiden Hängen die Pflanzung weit besser gelungen. Sie ist nur ein Jahr älter als die Saat, aber etwa doppelt so hoch gewachsen. Immerhin gedeiht auch die Saat ganz hervorragend. Schon jetzt hat sich die Edelkastanie außerordentlich bewährt. Obwohl sie erst im Jahre 1919 gepflanzt ist, überragt sie an Höhe den auf dem Nordhang stehenden viel älteren Buchenunterbau um mindestens das Doppelte.»

«An dieser Stelle sind einmal künstliche Düngungsversuche gemacht, von denen nur zwei zu klaren Resultaten geführt haben, nämlich: 1. Die Reisigpackung. Sie hat die Edelkastanien ganz außerordentlich wachsen lassen. 2. Die Düngung mit Kainit und Thomasmehl. Sie hat ihnen außerordentlich geschadet. Sie sind abgestorben und später erst von unten wieder ausgeschlagen oder im Wachstum zurückgeblieben.»

«Nun machen wir einen kleinen Ausflug nach einer Abteilung zur Linken der Fürstenwalder Landstraße, an der Grenze von Sauen. Hier stand eine etwa 45jährige Kiefer schlechtester Rasse, nicht ein einziger Baum war gerade. Der Bestand war gemischt mit spärlichen Lärchen, die ebenfalls schlecht wuchsen, und unterbaut mit streifenweiser Mischung von Traubeneiche, Buche und horstweise von Edelkastanien. Im Gegensatz zu den Kiefern gediehen hier Buchen, Edelkastanien und zum Teil auch Eichen ausgezeichnet. Die Kiefer war so schlecht, daß man es nicht verantworten konnte, sie stehenzulassen. Zudem war der Bestand durch die Forleule sehr stark durchlöchert. Deshalb ist der Kiefernbestand in diesem Jahre vollständig heruntergenommen worden. Sie sehen, wie der Boden der unmittelbaren Nachbarbestände durch das so gewonnene Reisig abgedeckt ist, um ihre Verangerung durch Sonne und Wind zu vermeiden. Würde ich nichts weiter an der Abteilung, an der die Kiefern abgetrieben sind, machen, so würde wahrscheinlich der jetzt vorhandene Unterbau zu einem mäßigen Laubholzbestande heranwachsen. Da wir aber die Kiefer nicht missen wollen, so soll diese zwischen das vorhandene Laubholz gebracht werden und noch in dasselbe hineinwachsen, so daß die Kiefer einmal den Hauptbestand bildet. Ich hoffe, daß das gelingt, weil der Frost voraussichtlich das seines Schirmes beraubte Laubholz zurückhält. Sollten die an einigen Stellen sehr gutwüchsigen Buchen zu hoch werden, so müssen sie abgeschnitten werden.»

«Weiter kommen wir an der rechten Seite zu einem Dreistufenwald, den ich keinem Besucher von Sauen vorenthalte. Er stellt mein Waldideal vor. Einstmals wurden die heute etwa 70jährigen Bäume in der Mischung Kiefer/Traubeneiche hier eingebracht, und zwar wahrscheinlich durch Saat. Je nach den Bodenstellen ist die Eiche mit der Kiefer mitgekommen. An den meisten Stellen steht sie als zweites Stockwerk unter der Kiefer, und wieder unter Eiche und Kiefer steht die Rotbuche. Den hiesigen Bestand habe ich, solange ich Sauen besitze, sehr aufmerksam beobachtet. Er gibt verschiedene Lehren. Zunächst sehen Sie, daß die Rotbuche unter der Kiefer viel besser wächst als unter der Traubeneiche. Wo sie unter geschlossenen Horsten der letzteren steht, ist sie gegen diejenigen unter den Kiefern erheblich zurückgeblieben.

Daher passen auch Traubeneiche und Rotbuche zusammen, während zur Stieleiche die Weißbuche gehört, da die Rotbuche in ihre Äste hineinwächst und sie zum Absterben bringt, zumal in unserer hiesigen Gegend, wo die Stieleiche mehr zum Dicken- als zum Längenwachstum neigt. Vor allem zeigt der Bestand die Lebensfähigkeit der Traubeneiche. Als ich ihn übernahm, war er schlecht durchforstet und stand viel zu dicht. An einigen Stellen waren Horste von Traubeneichen mitgekommen und herrschend geworden, zumal ich sie entsprechend begünstigte. Die weitaus meisten Eichen aber standen im tiefsten Schatten der vorwüchsigen Kiefern. Sie waren gänzlich verkümmert, ihre Kronen abgestorben, und sie hatten nur wenig lebendige Äste mit spärlichem Laub. Mein Förster hatte deshalb schon, ohne mich zu fragen, begonnen, den ‹Dreck herauszuläutern›, woran ich ihn noch gerade zur rechten Zeit hindern konnte. Durch allmähliche Freistellung haben sich diese Eichen in bewundernswerter Weise erholt. Sie haben nach Abstoßen des trockenen Zopfendes schöne, zum Teil ganz gerade Höhentriebe gemacht. Mehr und mehr schieben sie sich in die Kronen der Kiefer, ja, ganz vereinzelte wachsen schon über sie hinaus. So ist dieser schöne Stufenwald entstanden, der mir als vorbildlich für jeden Wald vorschwebt: Oben steht der Lichtbaum, die Kiefer, in der Mitte der Halbschattenbaum, die Traubeneiche, unten der Schattenbaum, die Rotbuche. Solche Stufenwälder lassen sich natürlich aus den verschiedensten Holzarten aufbauen, wenn man in der richtigen Weise Licht- und Schattenbaum mischt.
Links sehen Sie einen 30 Morgen großen Acker, der landwirtschaftlich bestellt wird. Er ist für später als Wildacker vorgesehen. Ringsherum ist er umpflanzt mit wilden und verwilderten Obstbäumen, Äpfeln und Birnen, die ich gleich nach dem Ankauf Sauens angepflanzt habe und die schon reichliche, vom Wilde gern genommene Früchte tragen.»

«Auf der entgegengesetzten Seite sehen Sie eine 32jährige Schonung, die aus 18 Holzarten besteht, die ich durch richtige Mischung und entsprechende Bearbeitung dahin gebracht habe, daß sie alle gut miteinander wachsen. Es handelt sich um ein Experiment, das zeigen soll, daß die Behauptung nicht zutrifft, ein gleichmäßiger Bestand müsse aus einer oder ganz wenigen Holzarten bestehen. Allerdings muß man sich um ein solches Gemisch bekümmern, wenn etwas daraus werden soll. Es würde zu weit führen, näher darauf einzugehen.»

«Nunmehr kommen wir auf der rechten Seite zu einem Waldteil, der früher einmal Bauernholz war. Hier bietet sich ein interessantes Bild. Als ich Sauen übernahm, fanden sich hier scheußlich verbissene Kiefernkusseln, licht und lückig stehend, wie wir sie von dem Anflug in den Bauernheiden kennen. Sie wurden von meinem Förster der Schandfleck Sauens genannt, und ich wurde mehrmals gefragt, warum ich diese Kusseln nicht wegnähme und durch eine Neuaufforstung ersetzte. Ich habe sie stehen lassen, und jetzt sehen Sie eine gutwüchsige, schon ziemlich starke, allerdings sehr grobästige Kiefer, die es nie weiter als zum Balken bringen wird, aber wider Erwarten einen vollständigen Bestand ergeben hat, der schon mit Buchen und Eichen unterbaut ist.»

«Weiter kommen wir auf dem alten Ziegeleigelände zu einem Bestande von außerordentlich starkwüchsigen Populus robusta, die im Jahre 1917 als einjährig bewurzelte Stecklinge gepflanzt wurden, und zwar gleich mit Akazien. Die Pappeln haben die letzteren weit überholt und zu einem sehr dichten Unterholz herabgedrückt. Wo Lücken im Akazienunterbau bestanden, sind diese durch den Wurzel verletzenden Haken durch Wurzelausschlag ausgefüllt. Wider alles Erwarten sind die Pappeln auf dem hier vorhandenen armen Sandboden ganz hervorragend gewachsen. Auch hier ist wieder der andere Faktor die Akazie.»

«Ich will bei dieser Gelegenheit die Anlegung von Akazienkulturen schildern. Akaziensaaten sind mir fast durchweg mißlungen, zwar liefen die jungen Pflänzchen sehr gut auf, aber sie wurden von Unkraut bedrängt und erstickt, und das Hacken erwies sich als schwierig. Besser ist es, die Akazien nach der Methode des Oberförsters *Metzner*, der früher hier in der Nähe in Madlitz tätig war und viele Akazienbestände angelegt hat, zu behandeln. *Metzner* zieht die Akazie in gut rajoltem, am besten lehmigem Boden, schützt sie vor Verunkrautung und läßt sie zwei Jahre im Saatbeet stehen. Dann sind die Pflanzen annähernd 1 m hoch. Sie werden in Pflanzlöcher gesetzt und sofort nach dem Pflanzen über dem Boden gestummelt. Auf diese Weise wachsen sie fast ausnahmslos an, während die nichtgestummelten zum großen Teil ausgehen. Das Klemmen der Akazie führt nicht zum Ziele. Will man billige Akazienkulturen haben, so pflanzt man sie, wie ich es eben schilderte, in weitem Abstande und zieht nachher den Wurzelhaken durch, um Wurzelausschläge zu erzielen.»

«Wir kommen jetzt zur Försterei. Sie sehen hier zur Linken des Weges einen vorbildlichen Waldmantel aus allerlei Heckenpflanzen und Sträuchern, der im Jahre 1914 angelegt wurde. Ich habe mir die Pflanzen zum größten Teil aus der Nachbarschaft aus verwilderten Parks zusammengeschnurrt. Weißdorn, Rose, Sanddorn, Pfaffenhütchen, wilder Schneeball sind aus Pflanzenhandlungen bezogen.

Nunmehr kommen wir zu dem Wege zwischen Sauen und der Försterei, auf dessen rechter Seite Sie einen heckenmäßig abgedichteten Waldmantel sehen, der zu den besten gehört, den ich Ihnen in Sauen vorweisen kann. Es befand sich hier die alte Schlemmerei der Ziegelei, in der der unerwünschte Mergel aus dem Ton ausgewaschen wurde. Eine alte Viehtrift führte an der nördlichen Seite vorbei, an der schon Ansätze zu einer Hecke, bestehend aus Wacholder, Weißdorn, Schwarzdorn, Rose, Holunder, vorhanden waren. Diese Hecke ist jetzt mehr und mehr ausgepflanzt und zu dem wunderbaren Waldmantel, den Sie hier vor sich sehen, herangewachsen.»

Bei dieser Begehung erwähnt Bier wiederholt den Eichelhäher als Helfer des Forstwirtes. Auch beim folgenden Versuch, das Werden eines Naturwaldes zu unterstützen, kommt er darauf zu sprechen. Das rätselhafte Wirken dieses Vogels fesselte Bier immer wieder. Es verwunderte ihn, daß die Forstwirtschaft so wenig hierauf einging. «Sie nutzt die Eichelmast, d. h. die von den Eichen herunterfallenden Eicheln, als Saat. Hierdurch fällt der Fruchtwechsel vollständig fort.» Da Eichen unter Eichen und Buchen unter Buchen schlecht gedeihen, muß der Altbestand abgeräumt werden, wenn an gleicher Stelle Jungpflanzen gedeihen sollen.

Der Eichelhäher dagegen bringt die Eichen- und Buchensaat dort ein, wo es in waldbaulicher Sicht richtig ist. Er trägt jeweils eine der Früchte im Schnabel, die übrigen im Kropf und bringt sie einzeln in den Boden oder dessen Deckschicht (z. B. Kiefernadeln) ein. Dabei wahrt er immer Abstände, die beim Angehen der Saat eine waldbaulich richtige Gruppierung ergeben. Am liebsten ‹sät› er unter dem Schirm alter Kiefern. Da der Häher immer nur einzelne Früchte einbringt, ist es unwahrscheinlich, daß er mit seinem Tun das Anlegen von Vorräten für sich selbst beabsichtigt. Doch der Naturtrieb veranlaßt ihn, Eichen- und Buchenwälder zu pflanzen, von denen seine Art lebt. «Wenn der Eichelhäher Eicheln sät, so wirkt er überpersönlichen Nutzen für seine Art, für die Menschen, für die Gestaltung der Landschaft. Hier steckt etwas vom Absoluten des Logos.»

Von einer Begehung im Juli 1937 auf dem Wege zu den Jagen 22 und 21:

«Wir fahren zunächst durch eine Allee von gutrassigen Traubeneichen, die ich beim Ankauf von Sauen als etwa 30- bis 40jährige Bäume antraf, die in den letzten 25 Jahren stark herangewachsen sind, bei ihrem Freistand eine gute Krone entwickelt haben und deshalb fast alljährlich befriedigend fruchten. In diesem Jahre, einem Maikäferflugjahre, sind sie leider vom Maikäfer kahlgefressen worden. Diese Bäume sind mir von unschätzbarem Wert, denn sie liefern dem Eichelhäher das Saatgut, mit dem er mir weite Strecken von Sauen auf das erfolgreichste unterbaut.»

«Wir gelangen weiter in eine Unterbrechung der Eichenallee durch vier Reihen von Linden in der Ausdehnung von etwa 100 m. Das Alter dieser Linden steht urkundlich fest. Es beträgt etwas über 200 Jahre. Die Bäume, Winterlinden, sind, da sie auf Sand stehen, nur mäßig gewachsen und durchgehend hohl, besonders die letzten Trockenjahre haben ihnen stark zugesetzt. Hier wollen wir die Frage erörtern: ‹Weshalb haben sich diese Linden, die alljährlich reichlich fruchten, bisher nicht in einem einzigen Exemplar verjüngt, und weshalb warteten sie mit der am Rande der Bestände jetzt reichlich sich einstellenden Verjüngung durch Anflug, bis ich in Sauen erschien?› Dieselbe Frage ist zu stellen für die Verbreitung der Eichen durch den Häher. Als ich in Sauen ankam, gab es in gewissen Jahren schon reichlich Hähereichen, aber sie vertrockneten oder vergingen fast sämtlich wieder. Heute bleiben sie überall bestehen, und der Häher sorgt mir auf sehr weite Strecken allein für den Unterbau. Die Frage ist dahin zu beantworten, daß ich den verdorbenen Boden wieder in einen Zustand gebracht habe, daß er für die Naturverjüngung von Linde und Eiche empfänglich ist; dasselbe gilt für den reichlichen Anflug von Ahorn und Fichte, den Sie gleich sehen werden. Akazien schließen sich an diese Linden an und bilden teilweise ihren Unterbau. Sie bemerken wieder, wie der Boden sich unter der Akazie bessert und wie bereits der Schwarze Holunder, ihre getreue Begleitpflanze in Sauen, sich unter ihr eingestellt hat. Der Rote Holunder, den Sie ebenfalls üppig unter ihr wachsen sehen, ist vor einigen Jahren künstlich eingebracht, ebenso wie ein paar Stämmchen von Traubenkirsche. Unter den Akazien sind ferner einige Edelkastanien als Probepflanzungen eingesetzt. Sie scheinen unter der Akazie gut zu wachsen.

Weiter kommen wir links an ein kleines Waldstück, das bei meinem Einzug in Sauen noch die trostloseste Kienheide war. Der Boden war mit Hungermoos bedeckt. Er ist zweimal (1925 und 1926) mit Kaff gedeckt, und zweimal ist eine landwirtschaftliche Volldüngung (1923 und 1924) mit Kainit, Thomasmehl und Stickstoff gegeben. Die letztere hat sich hier, wie überall in meinem Walde, nicht bewährt und wird auch zu teuer. Der Buchen/Eichen-Unterbau ist künstlich, die Linde ist angeflogen, die Vogelbeere von der Drossel eingebracht. In den letzten Jahren kommt von dem etwas weiter entfernten Feldahorn noch eine reichliche Aussaat. Weiterhin, auf der linken Seite, kommen wir zu einem Waldstück, das bis zum Jahresende 1913 noch Ödfläche war, und zwar ausgeschachtete Tongrube. Es ist behandelt einmal mit Lupinenvoranbau, einmal mit Kaff und einmal mit teilweiser Reisigdeckung. Das letztere wurde angefahren.

Bestockt wurde es mit Stieleiche, Roteiche, etwas Rotbuche, Akazie, Linde und Bergahorn. Vom letzteren hat sich nur sehr wenig gehalten. Sie sehen das Stück nach der Wegseite hin sehr schön ummantelt durch einen Streifen von Feldahorn und Linde. Besonders gut ist dieser Mantel an der westlichen Seite, gegen das Feld hin, wo noch Schwarzkiefern hinzukommen. Der Bestand in der alten Tongrube ist im ganzen genommen gut, üppig und als gelungen zu bezeichnen, doch ist das ganze Verfahren natürlich zu umständlich und zu teuer. Sie werden an den gleich folgenden Tongruben ein besseres Verfahren sehen. Auf der rechten Seite ist der Weg abgeschlossen durch einen Akazienmantel, der von Randbäumen, die dort als Schmuck standen, durch den Wurzelhaken hervorgebracht ist. Sie sehen hier zum ersten Mal, daß auch der Weg durch einen Mantel abgeschlossen wird, denn auch der Weg ist eine Trockenröhre für den Wald. Der Feldahornmantel ist sehr zweckmäßig wegen des dichten Gezweiges, das den Wind zerfasert und ihn besser abhält als eine feste Wand, über die er hinüberschlägt. Auch der dichte Akazienwurzelausschlag bildet einen guten Mantel, der aber den Nachteil hat, sich erst spät, nämlich Ende Mai, zu begrünen.

Wir treten durch den Akazienmantel in das rechts vom Wege gelegene Waldstück ein, das der badische Oberforstmeister Krutina, der früher in mehrjährigen Zwischenräumen Sauen für einige Tage besuchte, für eines der interessantesten von Sauen erklärt hat, weil es deutlich die Bodenbesserung zeigt. Er erinnert sich dessen noch aus dem Anfang der zwanziger Jahre dieses Jahrhunderts als eines im Wachstum stockenden Kiefernbestandes, dessen Boden beim Darübergehen von Hungermoos knirschte. Diese ganze Abteilung ist seit dem Jahre 1913 planmäßig mit Kartoffelkraut, Kaff, Stroh, Rohr, Chaussee- und Straßenabfall gedeckt worden, wobei natürlich das bei der Durchforstung anfallende Reisig auch verwendet wurde.»

«Die ganze Abteilung ist jetzt mit Astmoos, hier und da auch mit Brombeeren und Brennesseln, bedeckt und mit Hähereichen vollständig unterbaut. Ich glaube nicht, daß man ein Stück von 4 m^2 findet, wo nicht eine Hähereiche stände. Der Unterbau geht vom Rande und gleichzeitig von den am längsten gedeckten Bodenstellen aus. Die Kiefer ist verhältnismäßig jung (im Alter

Wildgatter zum Schutz heranwachsenden Gehölznachwuchses.

Schutzmaßnahmen für den Gehölznachwuchs: Zur Sicherung des Gehölznachwuchses gegenüber dem Wildverbiß war der großzügige Gebrauch von Wildgattern erforderlich. Im Sauener Revier gab es zeitweilig bis zu 28 km solcher Schutzgatter, welche den durch Aussaat, Pflanzung, Windverwehung oder den Eichelhäher eingebrachten Nachwuchs schützen halfen.

von 59 Jahren), bereits vom Häher fertig unterbaut. Das Wirtschaftsziel, das mir vorschwebt, ist folgendes: Die Kiefer soll noch etwa 100 Jahre stehen und wird in dieser Zeit vorgenutzt. Inzwischen wachsen die Hähereichen heran. Nach etwa 30–40 Jahren fangen die Rotbuchen an zu fruchten, die sich hier alle in der Reichweite des Hähers und der Wildtaube befinden. Ihre Früchte werden durch diese Vögel unter den Eichen angesät. So kommt hier ganz von selbst ein Dreistufenwald, in dem der Forstmann, von heute ab gerechnet, 200 bis 250 Jahre zu tun hat.»

Auf dieser Wegstrecke wurde deutlich, wie die Naturverjüngung über die Verbreitung der Samen durch Wind und Vögel mehr oder weniger unterbrochen wird, wenn eines der Glieder in dieser wichtigen Funktionskette versagt. Hier erwies sich das Anheben der Bodenfruchtbarkeit als entscheidender Faktor für das Gelingen der Naturverjüngung und damit der Erhöhung des Artenreichtums in der Gesamtvegetation.

Die Verbesserung der Standortfruchtbarkeit im Sauener Wald war so offensichtlich, daß sie schon früh die Aufmerksamkeit von Humusfachleuten erweckte, u. a. befaßte sich Gustav Rohde mit den Ergebnissen (S. 101).

Um die Samenverbreitung der reviereigenen Auslesebäume zu unterstützen, wurden 4000 Nistkästen aufgehängt. Dies diente natürlich zugleich der Schädlingsbekämpfung. Hinzu kamen alle erdenklichen Verbesserungen der natürlichen Nist- und Futtermöglichkeiten durch das Umgestalten des Waldes. Der Bereicherung der Vogelwelt im Revier widmete sich später auch der ornithologisch interessierte Sohn Heinrich. Er war ein Schüler Oskar Heinroths in Berlin, des wohl bekanntesten Verhaltensforschers und Systematikers der Vogelwelt in seiner Zeit. Schon bald nach Übernahme des Reviers erhöhte sich dort der Artenreichtum der Vögel erheblich.

Die Anzucht von Saatbäumen aus eigenem Bestand oder gar deren Neupflanzung ist naturgemäß Arbeit auf lange Sicht. In den ersten Jahren des Sauener Versuchs war Bier weit mehr auf den Ankauf von Saat- und Pflanzgut angewiesen. Sehr genau beobachtete und deutete er die Nachwuchsergebnisse, um daraus Lehren zu ziehen für das weitere Vorgehen.

Immer wieder wies Bier auf die oft entscheidende Bedeutung der Wildschäden hin für das Gelingen der Waldwirtschaft. Sein Vorhaben, in die ganz vorwiegend durch gleichaltrige Baumbestände geprägten Abteilungen des Reviers neue Gehölzarten einzubringen, konnte nur gelingen, wenn erreicht wurde, den Wildverbiß an dem zarten Pflanzennachwuchs in Grenzen zu halten.

Es versteht sich, daß August und Heinrich Bier sich in der Aufgabe als Betreuer des Jagdreviers Sauen davon leiten ließen, ausgewogene Verhältnisse im Wildbestand herzustellen. Auch hier galt es für sie, eine ‹Harmonie der Gegensätze› anzustreben. Das wirksamste, wenn auch aufwendigste Mittel gegen die Wildschäden war das wildsichere Gatter. Heute, nach 70 Jahren, ist es noch am Kontrast zu der jeweiligen Umgebung offensichtlich, wo in der gefährdeten Wachstumsperiode Jungpflanzen eingegattert gewesen waren. Es gab Jahre, in denen Bier bis zu 28 km Wildgatter in seinem Revier unterhielt. Rückschauend sagte er einmal: «Es hätten noch viel mehr sein sollen.» Inzwischen hat sich im Sauener Wald so viel zur Wildäsung geeigneter Bodenwuchs entwickelt, daß der Gehölznach-

wuchs durch Wildverbiß auch ohne Gatter kaum gefährdet wird.
Doch auch auf andere, originelle Weise wurde schädlicher Wildverbiß verhütet. Durch Aussaat von Roßkastanien, die – wie bei der natürlichen Verbreitung – auf dem Boden liegenblieben, gelang es, Kastanienjungwuchs zu erzeugen, dessen aromatischer Geschmack dem Reh- und Rotwild besonders zusagte. Auf diese Weise gelang es, den eingebrachten Gehölznachwuchs zu schonen.
Auch die zur Verbesserung der Bodengare aufgebrachten Reisigpackungen boten zugleich einen gewissen Schutz für die Jungpflanzen. Das Wild fühlte sich durch das knackende Geräusch bei Betreten dieser Flächen gestört und mied diese.
«Jetzt zeige ich Ihnen beim weiteren Vorgehen in dieser Abteilung noch einige gelungene Experimente. Wir kommen hier an einen größeren Horst von Buchen, die etwa kniehoch oder etwas darüber sind. Nur eine ragt aus ihnen hoch empor. Sie ist offenbar immun gegen Wildverbiß, mit anderen Worten, sie schmeckt dem Wilde nicht. Wenige Schritte davon führe ich Sie zu einem zweiten größeren Buchenhorste von gleichem Alter, der 10- bis 20mal so hoch und so stark ist wie der vorige. Die Bäume sind derselben Herkunft, jener ohne, dieser mit Gatter erwachsen. So wirkt der Wildverbiß. Werfen Sie im Vorübergehen einen Blick auf diese Eichen, und überzeugen Sie sich, daß der Häher, der sonst so schön über die ganze Fläche seine Eicheln sät, sie zuweilen auch in Reihen steckt, was ich nicht nur an dieser Stelle beobachtet habe.
Wir kommen an ein kleines Gatter von etwa 1 Morgen, was wiederum den Einfluß des Wildverbisses zeigt. Es schaut wie eine grüne Oase aus der Nachbarschaft heraus. Die ganze Bodenflora ist vollständig anders als in der nicht gegatterten Umgebung. Es hat sich Weidenröschen eingestellt, was Sie außerhalb des Gatters in Sauen nur in der Ziegelei in der nächsten Nähe des Forsthauses finden. Der Boden ist stark begrünt. Die hier befindlichen Hähereichen reichen über die nichteingegatterten benachbarten weit empor, ebenso die Roßkastanien, die hier, wie in der Umgebung gesät sind. Birke hat sich ebenfalls von selbst eingefunden. Lausitzer Fichte, Wildapfel, Edelkastanie haben wir künstlich eingebracht.»

In die Reisigdecke eingebrachte Roßkastanien liefern mit ihren Trieben ein aromatisches Futter, das vom Wild gern angenommen wird. Eine Möglichkeit, den Wildverbiß des Gehölznachwuchses einzudämmen.

«Wir verfolgen den Weg weiter, der rechts und links durch den dichten Wurzelausschlag einiger am Wege stehender Akazien abgeschlossen ist, und gelangen an ein Gatter mit japanischen Lärchen. Das Gatter zeigt auf kleinem Raum viel Interessantes. Übrigens entstand der Wurzelausschlag der am Wege stehenden Akazien durch das Durchziehen eines Wurzelhakens. Zunächst bewundern Sie das unglaubliche Wachstum dieser Lärchen, was sogar über das der Douglasfichten hinausgeht. Dies Wachstum fand statt, obwohl diese Bäume, japanische Seelärchen, aus dem feuchten Klima ihrer Heimat in die regenarme Mark versetzt wurden. Ja, sollte nicht sogar gerade dieser ungewohnte Reiz das Wachstum ganz besonders anfachen? Sollten sie nicht deshalb so kräftig losgehen, weil sie in Erstaunen versetzt wurden? Dabei sind diese Lärchen in diesem Jahre vom Maikäfer völlig kahlgefressen, sonst würden sie sich noch viel üppiger vorstellen. Sie sehen ferner, wie sehr die japanische Lärche Seitenschatten verträgt. Ich hatte ihren Standort, der einige Kiefernkusseln und Aspen enthielt, als Naturdenkmal ste-

Links:
Unter dem Schutz eines Wildgatters ist es gelungen, dichten Laubholznachwuchs unter dem alten Kieferbestand heranzuziehen.

Rechts:
Unterbau von Tannen, Lebensbäumen und unterschiedlichen Laubgehölzarten unter Kieferaltbestand. Unter dem Schutz des Wildgatters entwickeln sich zugleich üppiger Bodenbewuchs und Sträucher.

hen lassen. Der Häher aber hatte so reichlich Eichen angebracht, daß daraus ohne Zweifel ein Eichenbestand geworden wäre. Sie sehen wiederum, wie diese Eichen im Gatter zwischen den japanischen Lärchen ihre außerhalb stehenden Nachbarn weit überragen. Ebenso sehen Sie, wie an allen anderen Stellen, wo ein Wildgatter hergestellt ist, innerhalb desselben eine üppigere Bodenflora, unter der Brombeere und Weidenröschen wieder in erster Reihe stehen, als sie die Umgebung aufweist.»

«Die japanische Lärche steht im Ruf, gegen Dürreschäden sehr empfindlich zu sein. Das traf früher auch für Sauen zu. So vertrockneten mir in dem dürren Frühjahr und Sommer des Jahres 1913 viele japanische Lärchen. Heute, wo ich viel mehr davon in verschiedenen Altersklassen habe, fallen diese Dürreschäden fort, obwohl wir jetzt den dritten trockenen Sommer nacheinander haben, ein Zeichen dafür, daß es gelungen ist, den Wasserhaushalt in Sauen weitgehend zu regeln.»

«Unser Hauptinteresse gehört den ausgeschachteten Tongruben. Die Mischung von Sand und anderen Bodenarten mit Ton ergibt einen außerordentlich wüchsigen Waldboden. Sie sollten es kaum für möglich halten, daß anstelle der üppigen Waldböden, die Sie heute sehen, vor 24 Jahren (1913) nicht nur Ödflächen, sondern tote Ödflächen lagen. Zu ihrer Verlebendigung und Urbarmachung eignet sich in Sauen von allen Holz- und Pflanzenarten, die ich versucht habe, z. B. Weißerle, Birke, Weide, Goldregen, Ginster, Lupine und perennierende Lupine, weitaus am besten die Akazie. Sie bringt Stickstoff in den Boden durch ihren starken Laubabfall, reichlich Humus und lockert durch ihr weitgreifendes Wurzelwerk den Boden. Das sind Gründe, die wir wissen; vielleicht wissen wir viele, die noch im Spiele sind, nicht. Vor allem aber wirkt sie durch ihre Begleitpflanzen, die sie nach sich zieht und von denen sie als letzte Ausläufer Brombeere, Holunder und Brennessel hier vor sich sehen. Der Forstmann fragt sich natürlich: Wie kriegst du dies entsetzliche Unkraut wieder weg? Ich frage: Was nützen mir diese Pflanzen, indem sie den Boden verbessern? Diese Bodenverbesserung ist nun geradezu großartig. Man sagt nicht zuviel, wenn man behauptet, die Pflanzenmischung, die sich unter der Akazie und mit ihr sich einstellt, macht in 20 Jahren aus den toten Böden Sauens wüchsigen Waldboden erster Klasse.»

Eine Führung vom 18. Februar 1939 war der Frage gewidmet, wie sich die Gestaltung eines Naturwaldes unter weitgehender Einschränkung forstbaulicher Maßnahmen erreichen läßt. Bei diesem Experiment sollten ‹der Eichelhäher und der Wind Förster sein oder was dasselbe sagt, wir wollen möglichst den lieben Gott walten lassen›.

Bier kaufte für diesen Versuch in der Nachbargemeinde Lamitsch ‹eine elende Bauernheide, etwa 120 Morgen groß›. «Von der heute als Wald bezeichneten Fläche war damals knapp die Hälfte mit etwa 40jährigen Kiefern bestockt. Eine ältere, etwa 15 Morgen große Schonung von Kiefern war so schlechtrassig, daß sie später heruntergenommen und neu aufgeforstet werden mußte. Der Rest war Ödfläche bzw. sehr lückiger und schlechter Anflugswald.»

Die hier vorherrschenden Birken und Kiefern waren durch Wildverbiß stark beschädigt und lückenhaft. Die forstbaulichen Maßnahmen beschränkten sich auf die Aufforstung lediglich der vorhandenen Ödflächen und die Eingatterung der durch Wildverbiß gefährdeten Anflugbestände. Aus den Kiefernbeständen wurden nur die minderwertigen Stämme entnommen. In die Lücken des Anflugbestandes brachte man Traubeneichen und Buchen ein. Diese sollten später als Saatbäume dienen, um die weitere Aufforstung dem Häher zu überlassen. An Bodenstellen, wo Kies oder Sand vorhanden

Robinie als Wegbereiter für Bodenverbesserung und Bereicherung der Vegetation:
Durch großzügigen Anbau Luftstickstoff-bindender Pflanzen, insbesondere der Robinie, wurde die Bodenverbesserung und die Bereicherung der Gesamtvegetation beschleunigt. Der Sauener Wald galt als das robinienreichste Waldrevier im deutschen Sprachbereich.

Robinienunterbau als Weg zur Bodenverbesserung.

waren oder die durch andauerndes Ausharken seitens der Vorbesitzer stark geschädigt waren, wurde mit Hilfe von Reisigpackungen für Bodenbedeckung gesorgt. Dem gleichen Zweck diente das Anpflanzen von Ginster. Das Ziel des Versuchs, der die Faktoren natürlicher Waldgestaltung möglichst wirksam machen wollte, ist auch hier der Dreistufenwald zur optimalen Ausnutzung des Lichtes, der für den Pflanzenwuchs wichtigen Kohlensäure und des Wassers. «Die oberste Stufe in Form von ca. 40jährigen Kiefern ist bereits vorhanden. Unter ihnen soll etwa 50–70 Jahre lang die Traubeneiche als zweite Stufe heranwachsen. Inzwischen sind die Buchen, die ich Ihnen eben gezeigt habe, alt genug geworden, um Samen zu tragen. Der Häher soll die Früchte als dritte Stufe unter den Eichen einbringen.

Wieder soll in diesem Walde der Forstmann 200 bis 300 Jahre zu tun haben, indem er ihn dauernd nutzt. Er braucht sich also vorläufig den Kopf nicht zu zerbrechen, wie er später die erwünschte und aus klimatischen Gründen unumgängliche Kiefer, die aller Voraussicht nach zuerst geerntet wird, erneut einbringen soll.»

Damit spricht Bier das Problem an, das sich langfristig bei der Pflege eines zur Dauernutzung angelegten Mischwaldes der genannten Zusammensetzung ergibt: die Nachzucht der lichthungrigen Kiefer in dem Altbestand. Es bietet sich an, dereinst an das Abernten relativ eng begrenzter Bezirke im Sinne des Femelschlags zu denken. So könnten horst- oder streifenweise Lücken geschaffen werden für die Nachzucht des Kiefernbestandes.

Bereits zehn Jahre nach Beginn dieses Versuchs, einen Naturwald zu gestalten, zeigten sich sehr deutlich positive Ergebnisse. In dem eingegatterten Bezirk gediehen die zuvor kümmernden Birken und Kiefern ausgezeichnet. Im hohen Heidekraut hatte sich starker Anflug von Birken und Kiefern neu entwickelt, der das Heidekraut bereits überschattete und zurückzudrängen begann. Die horstweise in die Lücken gepflanzten Buchen kümmerten während der ersten, durch Dürre belasteten Jahre, hatten sich dann jedoch gut entwickelt und versprachen, zu guten Saatbäumen heranzuwachsen.

Während im eingegatterten Bezirk zu Beginn des Versuchs kaum eine gut gewachsene Kiefer zu finden war, fielen jetzt ‹herrlich gut gewachsene Exemplare› auf, ein Zeichen dafür, daß die Bäume nicht infolge schlechter Abkunft unbefriedigend gediehen waren. Es zeigte sich somit, wie durch das Ausschalten von Schäden, die durch Mensch oder Wild gesetzt waren, die Bäume sich voll entwickeln ließen.

Die besonders armen Ödflächen zeigten unter aufgebrachten Reisigpackungen deutlich Verbesserungen der Standortfruchtbarkeit. Überall fanden sich – früher nie vorhandene – grüne Astmoose, Brombeere und Farne begannen sich anzusiedeln.

August Bier wollte den Begriff des Naturwaldes und die für den Forstwirt hier anstehenden Aufgaben richtig verstanden wissen. Zum schnellen Heranwachsen und guten Nutzbarmachen dieses Waldes gehört auch hier die zweckmäßige Durchforstung. «Besitzer und Natur haben nicht dasselbe Ziel. Der erstere will Wertholz erzielen und vom Walde leben, der Natur dagegen kommt es auf ertragreiche Saatbäume an, die als Nutzholz meist nur geringen Wert haben. Die Bedürfnisse beider richtig zu mischen ist die Aufgabe des Försters.»

Es klingt wie ein testamentarisches Vermächtnis, wenn August Bier zum Abschluß der Führung vom 18. Februar 1939 sagte: «Ich wünschte, daß dieses Experiment, was Sie soeben gesehen haben, nach meinem Tode weitergeführt und möglichst zu Ende gebracht würde. Leider ist meine Hoffnung, daß dies geschieht, sehr gering, denn wer führte heute einen Versuch aus, oder richtiger gesagt, beteiligte sich an ihm, der noch mindestens 200 Jahre laufen muß und der dabei die einfachen Richtlinien einhielte, nach denen er aufgebaut ist. Würde er ausgeführt, so könnte er richtunggebend für unsere Forstwissenschaft sein. Der Dreistufenwald, der hier im Entstehen begriffen ist, nützt die Lebensbedingungen für den Wald aus wie keine andere Betriebsform. Er erzeugt sich selber, wenn man nur die notwendigen einfachen Bedingungen für sie schafft, die ich Ihnen heute schilderte.»

Wenn wir hier die Begleitung August Biers durch das Revier abbrechen, so sei noch der letzte Satz wiedergegeben, den er vor dem Tode über seinen Wald schrieb (im November 1948): «Der Sauener Wald läßt sich nicht beschreiben, man muß ihn gesehen haben.»

Die Prinzipien der Sauener Waldwirtschaft

Fassen wir Ziel und Weg der Sauener Waldwirtschaft kurz zusammen, so ergeben sich folgende Gesichtspunkte:

- Umwandlung der seit mehr als 200 Jahren bestehenden Kiefermonokultur und der z. T. verödeten Flächen in einen artenreichen Mischwald, dessen Laubdach mehrstufig aufgebaut ist.
- Auswahl standortentsprechender Gehölzarten und -sorten für die Neuanpflanzungen.
- Anlage sehr vegetationsreicher Waldmäntel als Windschutz, zur allgemeinen Verbesserung des Waldbinnenklimas und als Maßnahme des Vogelschutzes.
- Intensive Nutzung von Bodenbedeckungen als Weg zur Bereicherung des Bodenlebens, zur Verbesserung von Bodengare und Wasserführung.
- Systematische Nutzung Luftstickstoff bindender Pflanzen, vor allem der Robinie, als Begleitpflanzen zur Verbesserung der aktuellen Standortfruchtbarkeit.
- Anzucht und besondere Pflege hervorragender Saatbäume im eigenen Revier,
  Anlage eigener Gärten zur Pflanzenanzucht, um einen kontrollierten Anbau der Jungpflanzen zu ermöglichen,
  Anlegen höchster Maßstäbe an die Qualität zugekaufter Jungpflanzen und Samen.
- Schutz gefährdeter Neupflanzungen vor Wildverbiß durch wildsichere Gatter, Beisaat von Roßkastanien und Aufbringen von Reisigpakkungen.
- Berücksichtigung von Pflanzenfreundschaf-

Durch Reizen der Wurzeln mit dem Bodenhaken angeregter Robinienausschlag.

Oben:
Durch Unter- und Vorbau wurde der schützende Waldmantel geschaffen, dessen günstige bioklimatischen Auswirkungen eine wichtige Voraussetzung für die Umgestaltung des Kieferaltbestandes in einem Mischwald wurden.

Unten:
Durch Pflege tiefästender Randbäume, die zum Teil auch als Saatbäume genutzt wurden, wurde hier der bioklimatische Schutz des übernommenen Altbestandes erreicht.

ten und -feindschaften bei Neuanlage und Unterpflanzung des Mischwaldes.

- Pflegliche Förderung von Bodenwuchs und Sträuchern u. a. durch Einbringen neuer Kräuter, Gräser, Moose und Straucharten.
- Behutsame Bewirtschaftung des Waldes nach den Prinzipien einer Auslesedurchforstung, bei der in Abständen von 2 bis 3 Jahren individualisierend minderwertiges Gehölz (krankhaftes, genetisch minderwertiges, umweltgeschädigtes) entnommen und besonders Wertvolles frei gestellt wird. Dabei Vermeidung Schock erzeugender Eingriffe am einzelnen Baum wie an der Waldgemeinschaft.
- Förderung der Naturverjüngung des Waldes durch Maßnahmen zum Vogelschutz.
- Bekämpfung von Pflanzenkrankheiten und Schädlingsbefall durch Beseitigung ansteckungsfähiger Gehölze und durch Pflegemaßnahmen für Vogelwelt und Fledermäuse.

Die Betreuung des Sauener Reviers stellt damit hohe Ansprüche an das Einfühlungsvermögen in vielgestaltige biologische Zusammenhänge. Da es sich nicht um die Erhaltung eines bestehenden Waldes, sondern um dessen Umwandlung im Sinne einer bestimmten Waldidee handelt, verlangt diese Aufgabe zugleich überdurchschnittliche botanische, dendrologische und bodenkundliche Kenntnisse. Auch die Fähigkeit, den Werdegang eines Waldbildes vorausschauend zu beurteilen, dürfte dazugehören. Hiermit verglichen, ist die Betreuung eines gleichaltrigen Gehölz-Reinbestandes von vorprogrammierter Lebensdauer zweifellos einfacher zu bewältigen.

In Abteilungen des Waldes, die August Bier besonders am Herzen lagen, nahm er Entscheidungen bei der Auslesedurchforstung, wie die Auszeichnung der aus dem Bestand zu nehmenden Bäume, selbst vor. Von 1927 an hat sich auch der Sohn Heinrich weitgehend solchen Aufgaben gewidmet.

Der größere Einsatz technischer Mittel erfolgte nur, wo Neubegründungen eines Baumbestandes auf Ödflächen erforderlich waren, oder bei der Planierung und Bepflanzung der abgebauten Tongruben. Ebenso wurde vom gezielten Einsatz der Technik Gebrauch gemacht beim

Wiederaufforsten älterer Kahlschlagflächen oder wenn mit dem Einbringen von Laubgehölzen in die Kiefernreinbestände begonnen wurde. Das Ziel war dabei von Anfang an, die Voraussetzungen zu schaffen für eine fortlaufende Naturverjüngung des Waldes mit Samenverbreitung durch Wind und Vögel. Dieser natürliche Verjüngungsgang sollte wie ein Fruchtwechsel auf kleinstem Raum wirken und die Nachteile einseitiger Bodenbeanspruchung durch Monokultur vermeiden. Dazu sollte er nicht nur der Erhaltung, sondern auch der Mehrung der Bodenkraft dienen. Es war das Ziel des Sauener Versuchs, die Wechselbeziehungen zwischen Boden, Pflanze und Waldklima nicht nur ständig zu nutzen, sondern auch beispielhaft darzustellen. Dieses Ziel dürfte voll erreicht sein. Es zeigt sich schon daran, daß sich über vier Jahrzehnte mehrere tausend Forstleute, Studenten und ökologisch oder bodenkundlich Interessierte in zumeist ganztägigen Exkursionen durch das Revier führen ließen. Dabei sprach nicht nur der Wald in seiner jeweiligen Umwandlungsstufe für sich. Es beeindruckten immer wieder die Kontraste zu herkömmlich bewirtschafteten Nachbarrevieren. Diese spiegelten gleichsam den Ausgangszustand des Sauener Waldes von 1912 wider.

Nach der Überführung in Staatseigentum erhielt der Sauener Wald den Status eines ‹Beispielreviers› bzw. ‹Lehr- und Versuchsreviers›. Es sollte die begonnenen Versuchsaufgaben weiterführen und wissenschaftlich darstellen.

Die verstärkte Lichtausnutzung durch das gestufte Kronendach des Waldes gab die Voraussetzungen für eine vermehrte Photosynthese im Blattgrün. Die Verbesserung des Binnenklimas im Wald und der Bodengare wirkten ihrerseits im Sinne einer Wachstumsanregung auf allen Ebenen dieser Lebensgemeinschaft.

Diese Voraussetzungen ließen eine Steigerung der vom Wald erzeugten lebenden Substanz, der ‹Biomasse›, in allen Vegetationsbereichen erwarten. Dies betrifft ebenso das Bodenleben wie den Bodenbewuchs und das Gehölz. Nicht zuletzt in der holzwirtschaftlichen Ertragsbilanz kommt zum Ausdruck, wie sich diese Erwartungen voll erfüllt haben.

Der holzwirtschaftliche Leistungsnachweis er-

Oben:
Die auf hohe Holzqualität orientierte Sauener Forstwirtschaft erzeugt Stämme von hervorragender Güte.

Unten:
Ausgereifter Kiefernstamm.

Bei der Holzernte im Rahmen der Auslesewaldwirtschaft. Die erfahrenen Waldarbeiter können die Fallrichtung des Baumes mit der Genauigkeit von etwa einem Meter bestimmen.

folgte durch die vergleichende Messung der Stammstärke in Brusthöhe. Die erste Erhebung wurde 1914 im Sauener Wald durchgeführt. Die 1949, im Todesjahr August Biers, erfolgte Kontrolle zeigte, daß in den 35 Jahren die Ertragsklasse des Holzes von einer guten IV auf eine knappe II angestiegen war. Diese Verbesserung um etwa 1,8 Bonitätsstufen entspricht einer Zunahme um 2–3 Festmeter Holz je Hektar. Gegenüber dem früheren Zuwachs bedeutet diese positive Entwicklung – je nach Holzart und -alter – eine Erhöhung der Masseproduktion um das 1½- bis 2fache. Hinzu kommt der erhebliche Wertzuwachs durch Verbesserung der Holzqualität. Ebenso ist der steigende Anfall zuvor hier nicht vorkommender Edelhölzer zu berücksichtigen.

Dieser holzwirtschaftliche Erfolg des Sauener Waldversuchs mit seinem Prinzip der positiven Auslesedurchforstung erscheint besonders bemerkenswert.

Der Leistungsvergleich von 1914 und 1949 zeigte auch eine günstige Vorratsentwicklung. Während der Bestand 1914 kein Altholz enthielt, fanden sich 1949:

18,14 ha in der Stärkestufe 35–49,9 cm (Stammdurchmesser in Brusthöhe). Der größte Teil dieser Bestände gehörte zur Altersklasse 81–100 Jahre.

Bei der Übernahme des Reviers in die staatliche Verwaltung nach dem Zweiten Weltkrieg wurde die erzielte Ertragssteigerung als ‹hervorragend› bewertet. Bei der Festlegung des jährlichen Hiebsatzes von 2,4 Festmetern je Hektar trug man dem Charakter des Waldes als ‹Aufbau- und Umwandlungsrevier› Rechnung.

Neben der erwähnten verringerten Anfälligkeit gegenüber Frost- und Sturmschäden sowie deutlich verminderter Gefährdung durch Waldbrand stellt sich auch die Frage nach den Insektenschäden im Revier. Allgemein gilt, daß Monokulturen stärker als Mischwälder der Gefahr verheerenden Insektenbefalls ausgesetzt sind. Die erfolgreiche Pflege der Vogelwelt tat das ihre, so daß das Revier vor bedrohlichem Schaden verschont blieb.

Der Widerstandsfähigkeit der Pflanzenarten und -sorten gegenüber Angriffen aus dem Umfeld widmeten sowohl August wie Sohn Heinrich Bier große Aufmerksamkeit.

Bezeichnend hierfür ist ein Hinweis Heinrich Biers aus dem Jahr 1953. Beauftragt, ein Konzept für die Landschaftsgestaltung in einem geplanten Zentrum der Großindustrie zu erarbeiten, wies er schon damals darauf hin, den Waldbestand vor den Folgen von Rauchschäden zu schützen. Die Unterpflanzung der vorhandenen Kieferbestände mit einer Auswahl ‹rauchhärterer Laubhölzer› sowie ein Unterbau mit Sträuchern und Leguminosen waren seine Empfehlung.

Wie sehen praktisch tätige Förster das Sauener Revier?

Gespräche mit praktisch tätigen Förstern und Vertretern der Forstwissenschaft, denen der Sauener Wald bekannt ist, sollten sondieren helfen, ob von dieser Seite in dem Sauener Versuch nur ein Beispiel oder ein Vorbild gesehen wird, um Waldsorgen zu lösen. Von einem charakteristischen Gespräch sei hier berichtet. Der Gesprächspartner war ein erfahrener Revierförster, der den Sauener Wald genau kannte. Auf die Frage, was er von dem Sauener Wald halte: «Es ist eine Oase in des Heiligen Römischen

Reiches Streusandbüchse, der Mark, mit ihren bekannten Kieferreinkulturen.»
Im weiteren Gespräch fällt auf, wie schwer es dem ‹Fachmann› fällt, das evident positive Ergebnis des Sauener Versuchs zu erklären. Er weiß, daß die geologischen Verhältnisse dort nicht anders sind als in der Umgebung. Er sträubt sich aber, den Erfolg von dem komplexen Zusammenwirken der genannten Grundsätze der Sauener Wirtschaftsweise abzuleiten. Immer wieder taucht die Frage auf, welches denn die entscheidende Maßnahme sei. Dies sei ja wissenschaftlich noch nicht erwiesen. Überdenkt man unbefangen die dem Sauener Versuch zugrundeliegenden waldbaulichen Maßnahmen, so fällt es schwer, die eine oder andere als unwesentlich zu bezeichnen. Das Ganze stellt vielmehr ein sinnvoll aufeinander abgestimmtes Ganzes dar. Allenfalls kann man den so weit getriebenen Artenreichtum für nicht ‹erforderlich› halten, um das wesentliche Ziel eines gesunden Mischwaldes von Dauer zu verwirklichen.
Bei Erörterung der Realisierbarkeit der Bierschen Waldwirtschaft wird erklärt, diese sei unter den bestehenden Bedingungen nicht gegeben. Es fehle zahlenmäßig an Arbeitskräften und wohl auch an Fachleuten, die in der vorratspfleglichen Auslesewirtschaft und in anderen Besonderheiten des Sauener Versuchs genügend erfahren wären, um selbständig so arbeiten zu können. Es sei daher nicht möglich, in dieser individuellen Weise den Wald alle 2–3 Jahre zu durchforsten. Auch sei es zu teuer, von Wildgattern in einem vergleichbaren Umfang Gebrauch zu machen.

Holzernte im Rahmen der Auslesedurchforstung.

Holzernte im Rahmen der Auslesewirtschaft: August Bier und später sein Sohn Heinrich pflegten die zur Entnahme bestimmten Stämme selbst anzuzeichnen. Die sehr sorgfältig arbeitenden Holzfäller verstanden es, mit hoher Genauigkeit die Fallrichtung der Bäume zu bestimmen und damit möglichst bestandschonend zu arbeiten.

Ein Verzicht auf die Gleichaltrigkeit der Bestände und die darauf beruhende Kahlschlagwirtschaft käme bei der gegenwärtigen Lage nicht in Frage.
Da in der DDR – als wohl dem einzigen Land – eine lückenlose Standorterkundung und -kartierung aller Waldgebiete durchgeführt wurde, bestünde dagegen die Möglichkeit, sich bezüglich einer standortgerechten Gehölzwahl rasch zu unterrichten. Dies beträfe aber praktisch nur die Art einer Neuanpflanzung. (Die Standorterkundung orientiert sich im wesentlichen an der gegenwärtigen Vegetation und den Mengenverhältnissen unter den Vertretern der einzelnen Pflanzenarten. Hieraus werden Schlüsse auf die aktuelle Fruchtbarkeit der oberen Bodenschichten gezogen und Klassifizierungen der ‹Standortfruchtbarkeit› abgeleitet.)

Dem Sauener Waldversuch sei zu Lebzeiten August Biers zugute gekommen, daß der Besitzer während der Aufbauphase des Reviers von dessen Holzertrag wirtschaftlich nur bedingt abhängig war. Auch hätten seitens des zugehörigen Gutes im Winter Gespanndienste für den Einsatz im Forst reichlich zur Verfügung gestanden.
So steuert die Diskussion auf die Frage zu, wieweit es bei der bisher vorherrschenden ertragswirtschaftlichen Orientierung möglich wäre, neben der Holzgewinnung die übrigen Aufgaben des Waldes zu sichern. Gemeint sind das Erhalten unseres Klimas, die Sicherung gleichmäßig fließenden und reinen Trinkwassers und das Erhalten einer Landschaft, in der man sich wohl fühlen und erholen kann. Dies alles nicht nur für uns, mehr noch für die Enkel.

Holzernte im Rahmen der Auslesedurchforstung.

In den europäischen Ländern ist der größte Teil des Waldes in öffentlicher Hand. Sollte es nicht möglich sein, zu erkennen, daß man einem Irrtum verfallen war, als man meinte, Kennzeichen guten Waldbaus sei ausschließlich die rentable Art der Holzproduktion oder wenn man in Verkennung der Waldnatur den in der Landwirtschaft geübten Arbeitsturnus von Pflügen, Aussaat und Mähdrusch auf den Wald übertrug?
Es dürfte außer Frage stehen: Die Kosten und Folgekosten, die ein stark geschädigter oder gar ‹sterbender› Wald entstehen läßt, sind erheblich höher als eine bionom orientierte Waldpflege.

Im Nachdenken über solche Gespräche taucht die Frage auf, warum sucht man der Zusammenschau der vielgestaltigen biologischen Probleme, in die freilich auch Grundsatzfragen der Verantwortung für das allgemeine Wohl hineinspielen, auszuweichen?
Fällt es so schwer, in diesen Kategorien zu denken? Sollte dies der Fall sein, so müßte überlegt werden, wie der Entwicklung bionomen Denkens in allen Stufen unserer Bildungsvorgänge ein angemessener Raum gegeben wird.
Dies ist, über die Sorge um den Wald weit hinausgehend, eine zentrale Lebensfrage für uns.

Bei der Auslesedurchforstung des inzwischen stark nachwachsenden Unterbaus.

Das für das Revier typische mehrstufige Kronendach des Kiefernaltbestandes.

Anheben der Bodenfruchtbarkeit im Sauener Revier durch die Prinzipien der Flächenkompostierung und des Unterbaus mit luftstickstoffbindenden Pflanzen

Die Entwicklung während der letzten Jahrhunderte führte dazu, daß den deutschen Wäldern im allgemeinen die schlechteren Böden verblieben waren. Die fruchtbaren Böden wurden zum Feldbau genutzt. Das Gelingen der Idee August Biers, auf dürftigen Böden wachsenden Kiefernwald in einen artenreichen Mischwald zu verwandeln, setzte voraus, daß es gelingen würde, die Standortfruchtbarkeit der Sauener Wälder zu verbessern. Bei den gegebenen geologischen Verhältnissen war dies nur möglich durch biologische Maßnahmen, die geeignet sind, den Humusreichtum zu erhöhen und damit die Intensität alles organischen Lebens zu steigern. Weniger als bei den landwirtschaftlichen Kulturböden sagt die Mineralanalyse des Bodens Entscheidendes aus über die Standortfruchtbarkeit des Waldbodens. Wichtiger sind Menge und Art der Nährstoffe, die innerhalb der Humusschicht gebildet und umgesetzt werden. Dem ‹Waldarzt› lag der Gedanke nahe, die Intensität des Bodenlebens anzuregen, um durch Verbesserung der ernährungsphysiologischen Bedingungen ‹trophische Reize› zu schaffen für verstärktes Wachstum der Pflanzen. Eine zentrale Stellung hat dabei der Stickstoffumsatz. Die Herstellung einer positiven Stickstoffbilanz gilt auch in der Medizin als Zeichen für das Wachstum des menschlichen Organismus bzw. die Neubildung geschädigter Gewebestrukturen. Der entsprechende Vorgang im Waldboden sollte zur Grundlage für die Förderung des Wachstums innerhalb einer vielgestalteten Reaktionskette werden. Diese umfaßt das mikrobielle Bodenleben und die Bodenfauna ebenso wie die bodenbedeckende Flora und den Baumbestand.

Es soll vor allem über zwei Verfahren der biologischen Bodenverbesserung berichtet werden, die im Sauener Wald von August Bier besonders gepflegt wurden: Das Prinzip der Flächenkompostierung und das des Unterbaus mit luftstickstoffbindenden Pflanzen.

Diese beiden Möglichkeiten, auf biologischem Wege die Bodenfruchtbarkeit zu verbessern, wurden von August Bier intensiv genutzt.

In getrennten Untersuchungen wurden von G. Rohde (1957) und von H. Gemeinhardt (1957–1960) die im Sauener Revier erzielten Ergebnisse geprüft und mehrfach darüber berichtet. Unbedeckte Böden verlieren unter dem schädigenden Einfluß von Sonnenstrahlen, Wind, Regen und Frost an Struktur und Fruchtbarkeit. Der wohl entscheidende Schritt zur Verschlechterung der Waldböden war oft das Entfernen der natürlichen Streudecke, um diese für landwirtschaftliche Zwecke zu nutzen.

Die von August Bier betriebene Bodenbedekkung bediente sich der Reisigpackungen und des Aufbringens von Kartoffelkraut und anderem anfallendem organischem Material, auch Straßenkehricht. Der Sauener Versuch lief seit etwa 45 Jahren, als G. Rohde seine bodenkundlichen Untersuchungen dort aufnahm. Als Leiter eines Universitätsinstituts für Humuspflege und Kompostwirtschaft war er bei seinen Arbeiten über Flächenkompostierung auf das Sauener Revier gestoßen. Hier boten sich ihm besonders eindrucksvolle Ergebnisse dieses Prinzips, dazu Vergleichsmöglichkeit mit Nachbarrevieren herkömmlicher Bewirtschaftungssweise. Die Verhältnisse im Sauener Revier waren für ihn ein bevorzugtes Lehrbeispiel.

Die Untersuchungen erfolgten in Abteilungen des Sauener Waldes, wo neben 88jährigen Kiefern, 40jährige Pappeln und Birken, 30jährige Robinien und Weißerlen, 20jährige Traubeneichen, Bergahorn, Hainbuchen sowie 5jährige Schwarznuß anstanden. Dieser artenreiche Mischwaldbestand schuf die wichtigsten Voraussetzungen für den Aufbau fruchtbarer Böden. Er erzeugte die größtmögliche Menge an

Bodenbedeckung: Vor allem durch Maßnahmen der Bodenbedeckung nach dem Prinzip der Flächenkompostierung gelang es, die Standortfruchtbarkeit des Reviers um durchschnittlich fast 2 Bonitätsstufen anzuheben.

Links:
Bodenprofil im Sauener Revier 45 Jahre nach Beginn des Versuchs. Die 20 cm starke Oberschicht ist stark mit Humus angereichert. Gleichmäßige und starke Durchwurzelung des Untergrundes (n. G. Rohde).

Rechts:
Die Zersetzungsstufen der humosen Schicht des Mischwaldbodens. Die freigelegten Schichten zeigen die charakteristischen biologischen Abbaustufen der Mischwaldstreu. In der obersten Schicht herrschen vor: Schimmelpilze, Bakterien, Algen, Protozoen, Käfer, Asseln, Tausendfüßler. Darunter in der ‹Vermoderungsschicht› (Bildmitte) Hervortreten besonders der Strahlenpilze (Aktinomyzeten) und Springschwänze (Kollobolen), Milben, Insektenlarven, Regenwürmer. Zwischen den skelettierten Blättern befindet sich reichlich Kleintierlosung. Im unteren Bildabschnitt als das Endstadium die mit Humus angereicherte Walderde.

vielseitig zusammengesetzter Pflanzenmasse, schuf durch einen dichten Waldmantel und das geschlossene Kronendach ein günstiges Mikroklima für die Entwicklung der Bodenlebewesen wie den Ablauf fermentativer Aufschließungsvorgänge.
Der Laubanfall des letzten Herbstes war bei Rohdes Untersuchungen bereits zum erheblichen Teil in wertvolle Humusverbindungen umgewandelt oder unter Freiwerden von Nährstoffen mineralisiert worden. Der Abbau hatte sich weit rascher vollzogen, als er unter Reinbeständen von Buchen, Roteichen oder Fichten möglich ist. Auf die Bedeutung des schnellen Ablaufs der Streuzersetzung hat schon W. Wittich hingewiesen: «Die Natur hat durch Bildung widerstandsfähiger, wertvoller Humusstoffe die Möglichkeit geschaffen, auch in einem biologisch sehr tätigen, gesunden Boden – und zwar gerade in diesem – ohne Störung des natürlichen Gleichgewichts zwischen Aufbau und Abbau die Erhaltung eines hohen Humusvorrates zu ermöglichen, der für die Fruchtbarkeit des Bodens von entscheidender Bedeutung ist.»
. . . «Diese echten Humussäuren sind dadurch gekennzeichnet, daß sie verhältnismäßig widerstandsfähig gegen mikrobielle Angriffe sind, so daß sie sich auch im Boden mit lebhafter biologischer Tätigkeit erhalten und anreichern. Man rechnet dazu aber nicht Humusstoffe, die sich

nur infolge ungünstiger biologischer Bedingungen (Versauerung, Austrocknung oder Sauerstoffmangel) im Boden erhalten haben und bei Änderung der Bedingungen schnell verschwinden. Echte Humusstoffe sind nichts anderes als beim Aufbau der organischen Substanz im Boden auftretende stoffliche Neubildungen. Bezeichnend für die beständige Natur dieser Stoffe ist die Tatsache, daß sie im Walde gerade bei Mullbildung mit ihrer schnellen Streuzersetzung besonders reichlich gebildet werden und in diesem Gebiet des stärksten Abbaus sich erhalten und anreichern.»

Den Untersuchungsbefund des Bodenprofils in der Abteilung 1k des Sauener Reviers charakterisierten G. Rohde und Mitarbeiter wie folgt: «Vor 45 Jahren trug der Boden einen reinen Bestand von 43jährigen Kiefern und eine schwache Decke von saurem Auflagehumus. 1914 erfolgte Unterbau mit Laubbäumen (Buche, Eiche, Linde und Rüster), der gegen Wildverbiß durch Eingatterung geschützt wurde. Bodenart: schwach grundwasserbeeinflußter kräftiger Talsand. Bodentyp: schwach podsolierte Braunerde.

Ertragsklasse I: Gesamtleistung an Kiefern je Hektar in 88 Jahren: 715 fm Derbholz.

Gesamtleistung des Buchenunterstandes je Hektar in 43 Jahren: 110 fm Derbholz.

In den 45 Jahren naturgemäßer Bewirtschaftung als Mischwald wurde die 20 cm starke obere Bodenschicht stark mit Humus angereichert. Der allmähliche Übergang dieser humusreichen Schicht in den Mineralboden läßt erkennen, daß in diesem Boden zahlreiche Arten von Bodenkleintieren, insbesondere Regenwürmer, langdauernde intensive mischende Tätigkeit entfaltet haben. Im Untergrund tritt gleichmäßige Durchwurzelung deutlich hervor.

Die im Verhältnis zur oberen belebten Bodenschicht (Mutterboden) geringe Stärke der vorhandenen Streuschicht ist charakteristisch für biologisch tätige Waldböden mit rascher Umsetzung der anfallenden organischen Rückstände. Die gebildete Humusform (Verteilungsform des Humusmaterials im Bodenprofil) muß als Mull bezeichnet werden. Mull ist das Ergebnis schnell fortschreitender mikrobieller Zersetzung sowie intensiver Tätigkeit der zerkleinernden und wühlenden Bodentiere. Ein günstiges Kleinklima und basenreicher tonhaltiger Boden sind Voraussetzungen für Mullbildung. Die Entwicklung und Tätigkeit der Bodenpilze, die hier sehr aktiv sind, tritt trotzdem weniger hervor, weil pilzfressende Kleintiere gebildetes eiweiß- und wirkstoffreiches Pilzmyzel rasch als Nahrung verwerten. Die ‹Vermoderungsschicht› ist deshalb schwach entwickelt, die ‹Humusstoffschicht› des Bodens jedoch sehr stark. Im reichlich anfallenden Tierkot finden Aktinomyzeten (Strahlenpilze) und sauerstoffliebende Bakterien günstige Lebensbedingungen. Im Mull treten Pflanzenreste mit erhaltenen Zellstrukturen zurück, weil die Zerkleinerung der Streu lebhaft

Bodenprofil im geologisch gleichen Nachbarrevier unter 88jährigem Kiefernreinbestand (als Vergleich zu Seite 102). Unter der etwa 5 cm starken organischen Auflage befindet sich die durch Auswaschung organischer Substanz aus der Streuschicht hervorgerufene Bleichzone. Die gebildete Humusform entspricht dem unter ungünstigen Bedingungen durch sehr langsame und mangelhafte Zersetzung entstehenden Rohhumus von stark saurer Reaktion. Die scharfe Schichtbegrenzung spricht für mangelnde Tätigkeit von Bodenlebewesen.

Die Abbildungen auf den folgenden Seiten zeigen Ergebnisse biologischer Bodensanierung durch Unterbau von Robinien (Robinia pseudoacacia). Zur Durchführung mikrobiologischer und chemisch-physikalischer Bodenuntersuchungen (H. Gemeinhardt, 1958) wurden an vergleichbaren Standorten (degradierte mittlere Sande) 40 cm tiefe Gruben angelegt. Die Bilder lassen für die Probeentnahme mit dem Bodenbohrer angelegte Bohrlöcher erkennen.

Unter reinem Kieferbestand. Bodendeckung fast ausschließlich Nadelstreu, wenig Dicranum spec. Untersuchung der Bodenbakterien und Strahlenpilze (Aktinomyzeten) an 4 Terminen in etwa 14tägigen Abständen (s. Abb. S. 106).

voranschreitet. Die Huminsäuren und Mikrobenschleimstoffe (Polysaccharide und Polyuronide) sind innig mit mineralischen Bestandteilen des Bodens verbunden. Sie werden von der Oberfläche der Tonmineralien so festgehalten, daß eine Trennung des Humus vom Mineralkörper der Ton-Humus-Komplexe weder auf mechanischem noch auf chemischem Wege möglich ist.
Als Vergleichsbefund das Bodenprofil eines Kiefernwaldes (Bauernwald, 60 m vom geschilderten Mischwaldprofil entfernt) (Abb. S. 103).
Die Charakteristik (gekürzt): «88jähriger reiner Kiefernbestand auf gleichem Standort wie Mischwaldbodenprofil.
Bodenart: schwach grundwasserbeeinflußter kräftiger Talsand.
Bodentyp: schwach podsolierte Braunerde.
Gesamtleistung: an Kiefern je Hektar in 88 Jahren: 415 fm Derbholz.
In den letzten 45 Jahren hat sich der Bodenzustand nur unwesentlich geändert. Auf- und Abbau des Bestandesabfalls hielten sich das Gleichgewicht.
Unter der ungefähr 1,5 cm starken Schicht von organischer Auflage tritt eine durch Auswaschung organischer Verbindungen aus der Streuschicht entstandene Bleichzone deutlich hervor. Diese Bleichzone war vor 45 Jahren auch im Mischwaldbodenprofil vorhanden und wurde danach durch wühlende und mischende Tätigkeit der humuseintragenden Bodenkleintiere beseitigt. Die Kiefern wachsen bedeutend langsamer als gleichaltrige Bäume auf gleichem Standort im Laubholzunterbau in 60 m Entfernung.
Der Untergrund ist entsprechend dem Baumbestand nur schwach durchwurzelt. Die gebildete Humusform ist Rohhumus. Rohhumus entsteht bei trägem Abbau des Bestandesabfalls, wie z. B. bei ungünstigem Kleinklima, basenarmem Muttergestein oder unter Reinkulturen von Rohhumusbildnern, wie Nadelhölzern und Zwergsträuchern (Calluna, Vaccinium, Rhododendron usw.). Der größte Teil des Rohhumus liegt als Decke auf dem Mineralboden. Es fehlt die für Mull charakteristische starke Vermischung der organischen und mineralogischen Massen durch Tiere. Im Rohhumus überwiegen wenig zerkleinerte und wenig zersetzte Pflanzenreste mit gut erhaltenen Zellstrukturen. Nur geringe Mengen Kleintierlosung sind vorhanden. Die Zersetzung geschieht größtenteils durch säurewiderstandsfähige Pilze, insbesondere bestimmte Mukorarten, die Zellulose nicht abbauen können. Die zellulosezersetzenden Schimmelpilze, wie Penizillien und Aspergillen sowie Strahlenpilze und sauerstoffliebende Bakterien treten zurück.
Die beim Rohhumus stark entwickelte Vermoderungsschicht zeigt deutliche Zeichen der Zersetzung. Die Pflanzenreste sind von braunen Humusstoffen imprägniert.
Die Humusschicht enthält neben geringen Mengen an Pflanzenresten, die mit bloßem Auge zu erkennen sind, überwiegend strukturlose, kolloide, braunschwarze Humusstoffe.»
Die Untersuchungen Rohdes zeigen die im zeitlichen Ablauf und im Gesamtergebnis überlegenen Vorgänge der ‹Bodenbelebung› im Mischwald. Die hier besonders stark entwickelte ‹Humusstoffschicht› ist der Ort, wo sich bevorzugt über den Darm der Bodentiere die innige Vermischung der organischen Massen mit Bodenmineralien vollzieht. Die Bildung beständiger Ton-Humus- und Eiweiß-Humus-Komplexe ist das Ergebnis. Auch für das Entste-

hen der relativ wasserbeständigen Krümelstruktur der Böden, eine ‹Lebendverdauung› mit Hilfe von Schleimstoffen, ist die Passage durch den Regenwurmdarm von entscheidender Bedeutung.
Die Regenwürmer erschließen durch das Anlegen der Wurmgänge immer tiefere Schichten des wenig belebten Untergrundes. Sie bahnen dabei oft den Pflanzenwurzeln den Weg. Rohde fand in einer Tiefe von 1,5 m mit Wurmkot ausgekleidete und z. T. angefüllte Regenwurmgänge, die von Tiefwurzlern durchwachsen waren. Die in den vorgebildeten Röhren verlaufenden Wurzeln waren mit einem Netz von Haarwurzeln besetzt.
Die Humusschicht war reich an wurzelaufnehmbaren Mineralien: Phosphor, Kalium, Kalzium, Magnesium, Mangan, Kupfer, Molybdän und anderen Spurenelementen.
H. Gemeinhardt ging speziell der Frage nach, wieweit die forstlich wenig genutzte Leguminose Robinie (Robinia pseudoacacia L.) als forstliche Hilfspflanze dienen kann, um devastierte Kiefernmonokulturen in leistungsfähigeren Mischwald umzuwandeln. In mehrjährigen Untersuchungen prüfte er an Stellen des Sauener Reviers, die nach den allgemeinen Standortbedingungen miteinander vergleichbar erschienen, die Bodenverhältnisse unter reinen Kiefernbeständen und unter Kiefern mit Robinienunterbau.
Das Hauptgewicht der Untersuchung lag bei den quantitativen und qualitativen Bestimmungen der Bodenmikroben. Aber auch die Fermentaktivitäten, Säurewerte, Bodenfeuchte und Temperatur, der Gesamtstickstoffgehalt und die Fähigkeit der Nitratbildung wurden neben anderen Werten vergleichend gemessen. Durch die Symbiose mit Knötchenbakterien sind Leguminosen (Schmetterlingsblütler) bekanntlich befähigt, den Luftstickstoff zu assimilieren und ihren diesbezüglichen Bedarf unabhängig von den Bodenverhältnissen zu decken. Das fallende Laub der Leguminosen reichert so den Boden zusätzlich mit Stickstoffverbindungen an. Wegen des günstigen Verhältnisses der Kohlen- und Stickstoffanteile gilt das Laub der Robinie zugleich als Grundlage für die reichliche Bildung eines wertvollen Humus. Insbesondere zeigte sich die Überführung des für die Bodenfruchtbarkeit ungünstigen Rohhumus reiner Kiefernbestände in mullartigen Moder oder Mull.
Die mikrobiellen Untersuchungen erstreckten sich auf das quantitative und qualitative Verhalten von Bakterien und Pilzen. Gemeinhardt richtete seine Bestimmungen auf die Gruppen der Bodenbakterien, Strahlenpilze (Aktinomyzeten) und mikroskopischen Pilze (vorwiegend Penizillien, die jedoch nicht differenziert wurden). Er hob vor allem die positive Entwicklung der beiden erstgenannten Gruppen für die Verbesserung der Bodenfruchtbarkeit hervor. Die mikroskopischen Pilze verhalten sich oft gegensätzlich.
Im Durchschnitt war die Zahl der Bodenbakterien und Strahlenpilze in den mit Robinien unterbauten Kiefernbeständen 5- bis 8mal höher als unter Kiefernmonokulturen (Abb. S.106 links u. Mitte). Oft differierten die Zahlenverhältnisse noch erheblich stärker. Wesentlich war die Feststellung, daß sich diese Zeichen einer stärkeren Bodenbelebung auch auf größere Tiefen erstreckte (40 cm), während sich unter den Kiefernreinbeständen nur bis 5 cm Tiefe ein nennenswertes Mikrobenwachstum feststellen ließ.

Entsprechende Grube innerhalb des Wurzelbereichs dem Kieferbestand unterbauter Robinien. Es fällt erheblich stärkere Humusdecke auf. Der vergleichsweise üppige Bodenbewuchs enthält viel Brennessel (Urtica dioica), reichlich Nabelmiere, vereinzelt Ruprechtskraut und Linde (Tilia cordata). Die mit Robinien unterbauten Standorte hatten in 40 Jahren erhebliche Verbesserungen der Standortfruchtbarkeit, z. T. über 2 Bonitätsstufen erfahren.
Entsprechend der reichen Bodenvegetation wurde ein verstärkter Massenzuwachs des Kiefergehölzes gemessen. (s. Abb. S. 107).

Zweifellos haben die Bodenmikroben bei den vielfältigen Wechselbeziehungen auf dem Wege zur Verbesserung der Bodenfruchtbarkeit eine Schlüsselstellung. Dank ihrer vielfältigen Enzymtätigkeit leisten sie bei Ab- und Umbau organischer Substanzen die Hauptarbeit. Die den Leguminosen eigentümliche Fähigkeit der Stickstoffanreicherung des Bodens ist dabei sicher ein entscheidender Faktor bezüglich der quantitativen Steigerung des Bodenlebens schlechthin. Die Stickstoffanreicherung des Bodens konnte bis 10 cm Tiefe sehr eindeutig nachgewiesen werden.

In Bebrütungsversuchen konnte Gemeinhardt dazu feststellen, daß die Bodenproben aus Kiefernreinbeständen den Stickstoff nur bis zur Ammoniumstufe umbauen konnten, während die dem Robinienunterbau entnommenen Proben zur Salpeterbildung führten (Abb. unten rechts).

Der nach 40jährigem Robinienunterbau erreichte Grad der Bodenverbesserung erschien optimal. Heinrich Bier vertrat die Ansicht, daß damit der Zeitpunkt erreicht sei, an dem die Robinien durch wertvollere Laubhölzer ersetzt werden sollten.

Der Robinienunterbau erwies sich als ein besonders erfolgreicher Weg über die Intensivierung des Bodenlebens alle wesentlichen Merkmale der Standortfruchtbarkeit zu verbessern. Dies betrifft auch wichtige physikalische Eigenschaften wie Wasserführung, Entwicklung der Krü-

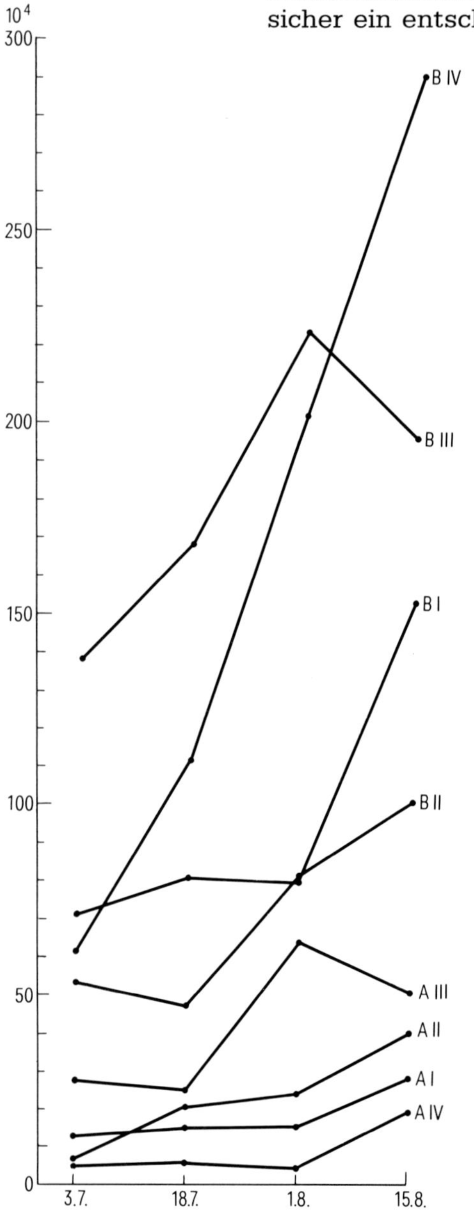

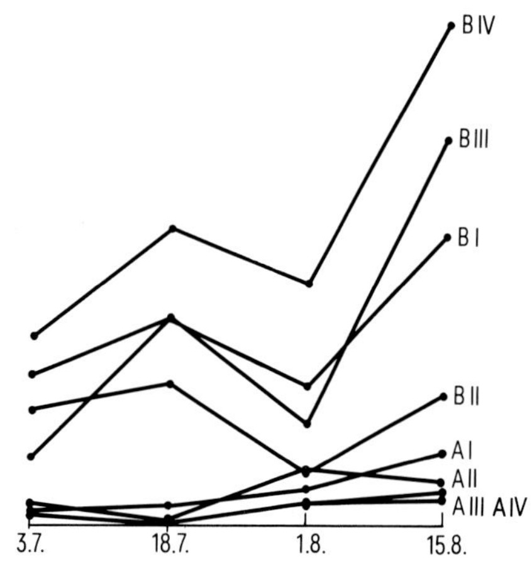

Bakterien- (links) und Strahlenpilzzahlen (Mitte) nach 10tägiger Bebrütung der Bodenproben bei 28° C.
A. Parzellen unter reinem Kieferbestand.
B. Unter Kiefer mit Robinien unterbaut.
In einigen Parzellen der B-Gruppe überstiegen die Zahlen der Strahlenpilze die der reinen Kieferparzellen um das 44fache.

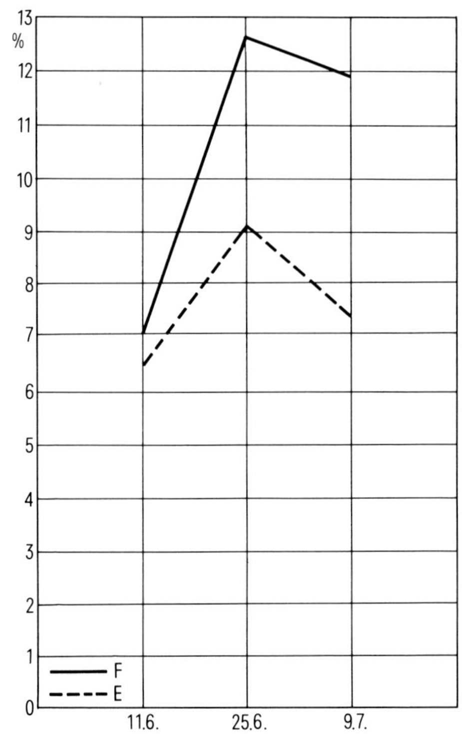

▷ Mittlerer Wassergehalt von Bodenproben aus Parzellen mit und ohne Robinienunterbau (nach H. Gemeinhardt)

melstruktur, Luftgehalt und Temperaturverhältnisse des Bodens. Die rechte Abbildung auf S. 106 gibt Ergebnisse der vergleichenden Untersuchungen von Gemeinhardt über den Wassergehalt des Bodens wieder.
Die Lockerung der Böden, spürbar an der Federung beim Gehen durch den Wald, ist ein eindrucksvolles Erlebnis jedes Besuchers im Sauener Revier. August Bier wies gern darauf hin, wie er mühelos seinen Stock sehr tief in den Boden seines Waldes stecken konnte.
Die mit der Verbesserung der Bodenfruchtbarkeit gegebene Anregung des Gehölzwachstums wird in den Abbildungen auf dieser Seite deutlich.

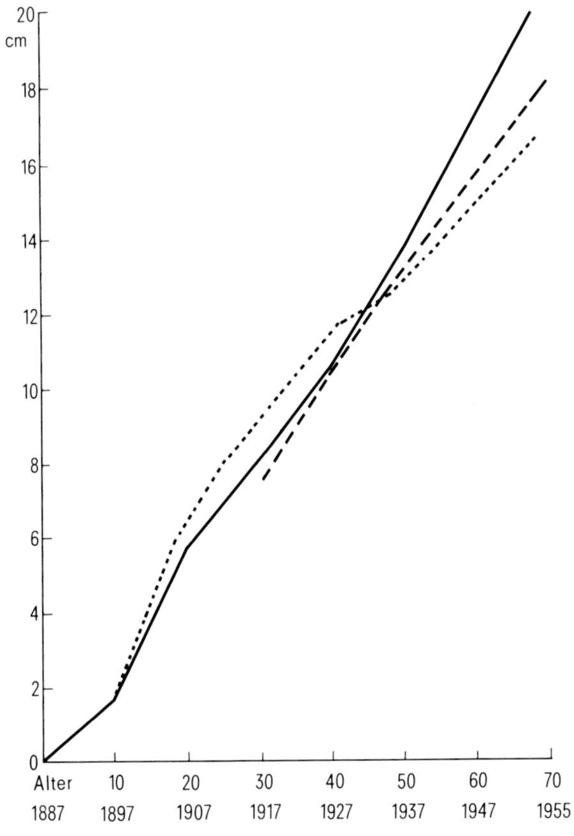

◁
Dickenwachstum der Kiefer ohne und mit Robinienunterbau.
..... Kiefer ohne Robinien (Mittel aus 9 Stämmen)
—— Kiefer mit Robinienunterbau (Mittel aus 10 Stämmen)

Das Kiefernstangenholz wurde mit Rotbuche unterbaut. Die stärkere Wüchsigkeit der Rotbuchen im Hintergrund des Bildes ist den dort miteingebrachten Robinien zu danken. Diese wirken wachstumsfördernd für das Bodenleben und die gesamte Vegetation. (Foto H. Apitz, 1956)

Eichenallee im Sauener Revier (Mitte Oktober). Der vielgestaltige Laubholzunterbau hat das Kronendach des Kiefernaltbestandes erreicht.

Der Sauener Wald in bioklimatischer Sicht

Die Umgestaltung des Sauener Waldes berührt auch die engen bioklimatischen Wechselbeziehungen zwischen Wald und Umwelt. Die waldbaulichen Maßnahmen August Biers führten zu Änderung der bioklimatischen Verhältnisse im Walde, die – wie Glieder einer Kettenreaktion – wesentlich zur Steigerung der Vegetation beitrugen. Daneben haben die Ergebnisse des Sauener Versuchs Klimafaktoren verändert, die auch für die Lebensverhältnisse des Menschen von Bedeutung sind.

Der Wald hat in vielfacher Weise vorwiegend ausgleichende Wirkungen für das Klima einer Region. Dieser Einfluß auf das Bioklima ist verständlicherweise vom Umfang des Waldes bzw. den quantitativen Verhältnissen zwischen Wald und waldfreien Gebieten abhängig. Besorgniserregende Klimaveränderungen, wie sie durch das Abholzen der Regenwälder in tropischen Gebieten Afrikas und Südamerikas auftraten, sind in den gemäßigten Zonen Europas kaum zu erwarten. Ein vergleichbarer Rückgang der Waldflächen wird hier voraussichtlich nicht eintreten. Dagegen kann mit ungünstigen Auswirkungen auf das Klima gerechnet werden, falls sich die Struktur unserer Wälder in erheblichem Umfang weiter verschlechtert.

Für unser Thema sind daher nicht so sehr die Beziehungen zwischen Wald und dem großräumigen Klima (Makroklima) aktuell, vielmehr die Klimaentwicklungen in engeren Bereichen (Mesoklima) und das ‹Mikroklima› im Walde selbst bzw. in seiner unmittelbaren Umgebung. G. Flemming hat die wichtigsten Wirkungen des Waldes auf das Klima übersichtlich zusammengefaßt (Tab. S. 110).

Dieser Aufstellung seien lediglich einige Bemerkungen angefügt zur speziellen Bedeutung der Sauener Waldstrukturen für die

Gestaltung einzelner Klimafaktoren

Der Wald nimmt mehr Strahlungsenergie auf als das freie Feld. Seine ‹Strahlungsbilanz›, besser der ‹Strahlungssaldo›, liegt 10–20 % höher. Bei dem vielfältigen Wechselspiel von Ein- und Abstrahlung, das zu diesem Zahlenverhältnis führt, kommt dem dunklen Kronendach des Waldes wichtige Bedeutung zu. Es wird hier mehr Wärmeeinstrahlung absorbiert als im freien Feld. Beim reinen Laubwald ist dieser Faktor nach dem Abfall der Blätter weniger wirksam. Der Mischwaldcharakter des Sauener Waldes zeigt demgegenüber dank seinem Anteil an immergrünen Nadelgehölzen geringere Unterschiede während der Vegetationsperioden des Jahres. Des weiteren wird das Strahlungsklima durch die vom Boden ausgehende Abstrahlung bestimmt. Der durch das Prinzip der Bodenbedeckung erreichte verbesserte Garezustand des Bodens erhöht dessen Wärmehaltung. Dies ist vor allem dem höheren Anteil an organischer Masse und den physikalischen Strukturveränderungen zu verdanken, wie sie vor allem durch die Tätigkeit der Bodenfauna entstehen. Die reichliche Durchsetzung des Bodens mit Lufträumen ist ein Zeichen guter Bodengare, wie sie den Waldboden im Sauener Revier auszeichnet. Eine der Vegetation zugute kommende größere Ausgeglichenheit der Oberflächentemperaturen des Bodens und der Pflanzen wurde auch durch die Maßnahmen der Bodenbedeckung wie Reisigpackungen und die Pflege der Bodenvegetation erreicht. Zusammen mit dem dichten ‹Waldmantel›, auf den Bier besonderen Wert legte, wurden verstärkter Windschutz und eine Verminderung der Turbulenzen innerhalb des Waldes erreicht.

Übersicht der wichtigsten klimatischen Wirkungen des Waldes im Vergleich zum Feld.
Quelle: Flemming, G., Kap. 3.2.1, in Thomasius, H. (Hrsg.), Wald, Landeskultur, Gesellschaft, Jena 1978 (vereinfacht)

a) *Raum oberhalb der Kronenschicht bzw. Waldoberfläche*

Element	Veränderung	Reichweite	Bewertung für Landeskultur	Bewertung für Mensch	Ersatzmöglichkeit von Waldkomplexen durch Waldstreifen
Strahlungssaldo	erhöht	– (Waldgebiet selbst)	teils positiv	teils positiv	fehlend bis gering
Konvektionswärmestrom	im Mittel wenig geändert	– (Waldgebiet selbst)			
Verdunstung	erhöht	– (Waldgebiet selbst)	negativ		
Wind	verringert	bis 0,5 km	positiv		
Fallender Niederschlag	wenig erhöht	etwa wie Waldgröße	leicht positiv		

b) *Raum unterhalb der Kronenschicht (Stammraum)*

Element	Veränderung	Reichweite in Vielfachen der Bestandshöhe h	Bewertung für Landeskultur	Bewertung für Mensch	Ersatzmöglichkeit von Waldkomplexen durch Waldstreifen
Strahlung, Licht	stark verringert	0 bis 5 h	teilweise positiv	teilweise positiv	mittel bis gut
Wind	stark verringert	10 bis 50 h	positiv	meist positiv	
Fallender Niederschlag	verringert	0 bis 1 h		positiv	
Nebelniederschlag	stark erhöht	– (vorwiegend Luvrand)	positiv		
Staubgehalt	verringert (außer Nahbereich)	unterschiedlich	positiv	positiv	
Lufttemperatur	extremer	0 bis 3 h	geringe Bedeutung	geringe Bedeutung	
Bodentemperatur	ausgeglichener	0 bis 3 h	teilweise positiv		
Luftfeuchtigkeit	etwas erhöht	0 bis 5 h	leicht positiv		
Hauttemperatur, Abkühlungsgröße	meist ausgeglichener	10 bis 50 h		meist positiv	
Potentielle Verdunstung	stark verringert	10 bis 50 h	positiv		
Schneeschmelze	verzögert	0 bis 3 h	positiv	positiv	
Schneeverwehung	verringert	5 bis 20 h	positiv	positiv	
Lärm	gedämpft	groß		positiv	

Mischwald Anfang Mai. Links im Bild große Eiche, viel Robinien (noch schwach belaubt), Wildobst, Heckenkirschen.

Verschönerung des Landschaftsbildes: Durch die Bereicherung der Vegetation an den Waldrändern und Alleen wird das Landschaftsbild in einer für die Mark Brandenburg eigenartigen Weise verschönt.
Dies gilt auch für die im Rahmen der Kollektivierung eingeführte Großraumwirtschaft des Ackerbaus.

Allee vom Gutshaus zu dem nahegelegenen Waldrevier.

Waldweg im Sauener Revier (Herbstbild). Neben Kiefer und Buche sind u. a. Ahorn und Robinien reichlich vertreten, vereinzelt auch Efeu.

Weg am Rande des Sauener Reviers. Mischwald mit Eichen, Buchen, Kiefern, Kastanien, Ebereschen, Birken.

Vorwiegend mit Eichen bestandene Allee vor dem Dorf Sauen.

Der große Roggenplan (1986) wird durch das gegliederte Profil des Mischwaldes ästhetisch wohltuend begrenzt.

Der an das Roggenfeld grenzende Nadelholz-Altbestand ist dicht mit Laubgehölz unterbaut. Tiefästende Randbäume. Der dichte Waldsaum gibt wirksamen Windschutz und verschönt zugleich das Landschaftsbild.

Der Sauener Wald als gliederndes Element in einer durch Großraum-Feldwirtschaft geprägten Landschaft (1986).

Blühende Hecke an der Grenze einer Weidekoppel.

Waldlichtung vor dem Dorf Sauen. Das zuvor durch kahle Waldränder der Kiefermonokulturen geprägte Landschaftsbild wurde durch Unter- und zum Teil Vorbau von Laubgehölz belebt und verschönt.

Knorrige Kiefer in der heckenartigen Feldgrenze.

Allee zwischen Gutshof und Wald.

Wasserverdunstung und Wasserhaushalt. Der Wald gehört zu den großen Wasserverbrauchern. Er verdunstet mehr als das freie Feld. Die verstärkte Wasserverdunstung des Waldes rührt z. T. daher, daß in einem dichten Kronendach Niederschläge zu einem mehr oder weniger großen Teil haften und verdunsten, ohne den Boden zu erreichen. Gerade in einem Mehrstufenwald ist dieser Faktor bedeutend. Bei stärker entwickelter Bodenvegetation kommt eine weitere Region dieser Wasserrückhaltung und Verdunstung hinzu, bevor die Niederschläge den Boden erreichen. Zum anderen steigt die Wasserabgabe mit der Intensität organismischen Lebens in einer Region. Dieser Teil entstammt Stoffwechselvorgängen der Pflanzen und darüber hinaus der gesamten stoffwechselaktiven ‹Biomasse›. Die genannten Bilanzfaktoren im Wasserhaushalt des Sauener Waldes dürften besonders zu Buche schlagen.

Insgesamt wird der Wasserhaushalt stark von den Eigenschaften des Waldbodens bestimmt. Gemeinhardt fand in dem mit Robinien unterbauten Mischwald bis zu 10 cm Tiefe einen höheren Wassergehalt des Bodens als unter den Kiefernreinkulturen der Nachbarreviere (S. 107). Das unabhängig von geologischen Formationen der tieferen Bodenschichten entwickelte erhöhte Wasserbindungsvermögen der humos und porös umgewandelten oberen Bodenbezirke ist von hohem Interesse für die Bewertung der in Sauen verwandten Waldbauprinzipien; berühren sie doch ebensosehr das Bioklima im Wald selbst wie Auswirkungen für eine gleichmäßige Wasserführung. In den Abbildungen auf Seite 106 und 107 findet das Verhalten des Oberflächenwassers und die dadurch charakteristisch veränderte Flora einen deutlichen Ausdruck.

Reinheit der Luft. Im ganzen betrachtet gilt die Luft im Wald besser als in der freien Flur oder gar in den Wohn- und Industriegebieten. Bei ausgedehnten Wäldern ist es verständlich, daß vor allem die große Entfernung von den Rauchgas- und Stauberzeugern die Luftreinheit weitgehend bestimmt. Doch auch das Abfangen von gas-, staubförmigen und flüssigen Schmutzstoffen aus der Luft spielt eine erhebliche Rolle. Wentzel fand, daß aus belasteter Luft auf einen Hektar freien Geländes 28,5 kg Schwefeldioxid niedergingen, während im Fichtenwald auf gleicher Fläche 119,2 kg aus der Luft gekämmt wurden. Diese vorwiegend auf dem Kronendach des Waldes abgelagerten Stäube sind – mindestens vorerst – dem Aufenthaltsbereich des Menschen im Walde entzogen. Sie gelangen erst durch Regen, Nebeltraufe oder Schnee in diesen Bereich. Demgegenüber ist vergleichsweise das Absorptionsvermögen der Pflanzenoberflächen für gasförmige Stoffe geringer. Die Luftreinigung fällt diesbezüglich bei stärkerer Immissionsbelastung weit weniger ins Gewicht.

Die durch den Wald verursachten Änderungen der Luftbewegungen engen dazu die Reichweite der von den Schornsteinen in die Luft ausgestoßenen Schadstoffe ein. Der Wald hat somit auf mehreren Wegen erheblichen Einfluß auf die Schadstoffbelastung der Luft sowohl innerhalb größerer Regionen wie in den bodennahen Bezirken des Waldes. Es handelt sich dabei jedoch um einen Umverteilungsvorgang, der in sich mancherlei Probleme aufwirft.

Durch Berücksichtigung der vom Wald hervorgerufenen komplizierten Veränderung der aerodynamischen Verhältnisse können bei entsprechend orientierter Siedlungs- und Landschaftsplanung erhebliche Verbesserungen des Bioklimas in den engeren Wohnbereichen erzielt werden.

Insgesamt kann gefolgert werden, daß ein Wald von der Art des Sauener Reviers dank der Dichte seiner Vegetation besonders günstige Voraussetzungen für die Vorgänge bei der Luftreinigung bietet.

Erholungswert des Waldes. Der Einfluß eines zeitlich mehr oder weniger begrenzten Waldaufenthaltes auf das Befinden des Menschen, insbesondere die Anregung seines Regenerationsvermögens, ist weitgehend vom Gesamtklima abhängig. Daneben spielen allgemeine ästhetische und oft sehr individuelle psychologische Faktoren eine Rolle. Sicher wird das Erleben des Waldes um so erholsamer, je mehr dieser dem Bild des Waldes nahekommt, das sich der einzelne gemacht hat, oder, allgemeiner, der Idee des Waldes entspricht. Auch spielt es eine Rolle, wie weit der Zustand des Waldes als gesund empfunden werden kann.

Das innere Verhältnis des einzelnen zum Wald ist sicher unterschiedlich. Es wird nicht zuletzt durch individuelles Erleben, vor allem in der Kindheit, geprägt.
Neben den genannten positiven Eigenschaften des Waldklimas sind mit mehr oder weniger Berechtigung andere Faktoren angeführt worden. Der von den Pflanzen des Waldes reichlich gebildete Sauerstoff wird durch den ständigen Gasausgleich zu rasch abgeführt, um für das Luftangebot des Menschen Bedeutung zu haben. Ebenso ist der oft erwähnte Ozongehalt biologisch bedeutungslos. Von den Nadelgewächsen kommende Duftstoffe können auf mehreren Wegen wirksam werden. Ätherische Öle gelangen beim Einatmen in enge Berührung mit den Schleimhäuten der Luftwege und können deren Funktion anregen. Sodann bewirkt der Eintritt in eine solche Duftwolke bei einer Waldwanderung eine Vertiefung der Atmung. Hierbei werden minder beatmete Lungenbezirke in einer oft wohltuenden Weise aktiviert.
Bei Allergikern mit eingespielten Überempfindlichkeitsreaktionen gegenüber bestimmten Pflanzenpollen kann während der Blütezeit freilich der Artenreichtum eines Waldes zur Belästigung werden.
Der lärmabschirmenden Wirkung der Bäume ist es zu danken, daß man im Wald heute am ehesten erholsame Stille erleben kann. Stark vom Auto befahrene Waldstraßen sollten von Fußgängern gemieden werden. Infolge der weitgehenden Windstille und verminderten Luftwirbelbildung pflegen hier die Abgase länger zu lagern als in der bewegteren Luft freier Gelände.
Für die Erholung ist der Wechsel im Umfeld wie im eigenen Verhalten während des Alltags von oft gleichrangiger Bedeutung. Entlastung durch Abschalten gesundheitsabträglicher Faktoren und andererseits die Notwendigkeit, sich an ein verändertes Milieu anzupassen, sind die wichtigsten physiologischen Vorgänge beim Erholungsgeschehen. Daher wird, je nach dem gewohnten Bioklima, für den einzelnen der Aufenthalt im Walde einen unterschiedlichen Reiz bedeuten. Gleichwohl bietet die sinnvolle Nutzung des Waldklimas für die meisten Menschen unschätzbare Möglichkeiten zur Verbesserung ihrer Kondition.

Toleranz des Waldes gegenüber den aktuellen bioklimatischen Umweltbelastungen

Hier werden grundlegende Einzelfragen berührt, deren letzte Beantwortung umfangreichere vergleichende Untersuchungen erfordert, als gegenwärtig vorliegen. Trotzdem können aus bisherigen Ergebnissen und aus allgemeinen Erfahrungen über bioklimatische Ursachen der Waldgefährdung wichtige Schlüsse gezogen werden. Das Sauener Revier liegt etwa 40 km nördlich der Großfeueranlagen der Braunkohlenkraftwerke um Lübbenau und Spremberg.
Bei der Bewertung der Widerstandskraft des Sauener Waldbestandes gegenüber Schadstoffbelastungen aus der Luft fallen vor allem zwei Faktoren ins Gewicht: der Mischwaldcharakter des Reviers und die bisher erreichte erhebliche Intensivierung des Bodenlebens. Artenreichtum der vertretenen Gehölze bedeutet nach den vorliegenden Erfahrungen größere Stabilität des Waldes als Gesamtgefüge. Neben den als giftempfindlich geltenden Tannen, Fichten, Kiefern und Buchen sind unter den 460 Gehölzarten des Sauener Reviers viele vertreten, die als relativ schadstoffresistent eingestuft werden. Genannt seien nur: Eichen, Robinien, Akazien, Birken, Eschen, Vogelbeeren und zahlreiche Sträucher. Beim Baumsterben in Europa erwiesen sich die Tannen als besonders empfindlich. Heinrich Bier hat sich der Anpflanzung von Tannen besonders zugewandt. Der Zustand dieser – allerdings noch nicht sehr alten Bestände – ist vorzüglich.
Neben Stickoxiden, Kohlenmonoxid, Kohlenwasserstoffen und zahlreichen Spurenstoffen nimmt das Schwefeldioxid – nicht zuletzt wegen seiner hohen Konzentrationen – eine zentrale Stellung in der Schadstoffreihe ein.
Das Schwefeldioxid gelangt z. T. durch direkten Niederschlag auf Blättern, Nadeln und Rinden zur Wirkung. Es stört wichtige pflanzenphysiologische Abläufe und hemmt dadurch Wachstum und Widerstandskraft der Bäume. Die Blokkierung der Spaltöffnungen an den Nadeln beeinträchtigt den Austausch von Kohlensäure und Sauerstoff wie einen geregelten Wasserhaushalt der Bäume. Über die Hemmung von

Fermenttätigkeiten werden Photosynthese, Wachstumsvorgänge und die Abwehrleistung gegenüber Pflanzenschädlingen eingeengt. Die Störung des Wasserhaushalts erhöht die Gefährdung der Bäume bei Trockenperioden und extremen Temperaturen. Die Wachstumshemmung spiegelt sich u. a. in den geringeren Zuwachsraten der Altersringe wider.
Der Schädigungsprozeß verläuft zum anderen Teil ‹indirekt› über Veränderungen der Bodenverhältnisse. Durch unmittelbaren Einfall ‹sauren Regens› gelangen Schadstoffe in den Boden. Regen, Tau und Schnee waschen zudem im Blattwerk abgelagerte Stoffe ab und führen sie so der Walderde zu. Fallende Blätter, Nadeln und Zweige ergänzen schließlich das Eindringen der aus Heizanlagen, Industrie und Verkehrsmitteln stammenden Produkte in den Waldboden. Die meisten dieser Stoffe haben sauren Charakter. Eine Übersäuerung des Bodens ist die Folge. In den obersten Bodenschichten geschädigter Wälder wurden pH-Werte bis 2,7 gemessen. Die in diesen Wäldern gefundenen Schäden an den Feinwurzeln der Bäume wurden auf diese extreme Übersäuerung des Bodens zurückgeführt. Säuregrad der Böden und Schäden an der Vegetation gehen jedoch nicht absolut parallel, so daß darüber hinaus mit dem Einfluß anderer Faktoren, etwa der Wirkung wurzelaufnehmbarer Schwermetalle (Kadmium?), gerechnet werden muß.
Die Baumbestände magerer Böden mit dünner Humusschicht pflegen anfälliger zu sein als solche auf humusreichen Böden. Gerade die erhebliche Intensivierung des Bodenlebens (siehe S. 101 ff) gehört zu den wichtigsten Ergebnissen des Sauener Waldbaus. Durch den hohen Gehalt an organischer Masse haben die Böden ein großes Pufferungsvermögen. Die pH-Werte lagen deutlich günstiger als in den Nachbarrevieren mit reinem Kiefernbestand.
Die von Gemeinhardt im Sauener Boden nachgewiesenen, erheblich gesteigerten Fermentaktivitäten lassen erwarten, daß hier auch der Abbzw. Umbau von Schadstoffen beschleunigt verläuft. Die in den Jahren 1957–1961 erhobenen Befunde zeigten das Gegenteil einer Hemmung gesunden Bodenlebens. Der Vergleich mit den Untersuchungsergebnissen unter den Kiefernmonokulturen der Nachbarreviere sprechen auch unter dem Gesichtspunkt einer vergleichbaren Immissionsbelastung für sich.

Der Wald in Sauen*

Von Prof. Dr. August Bier

Öfter ist mir nahegelegt worden, den Sauener Wald in einer forstlichen Zeitschrift zu beschreiben. Ich habe das nicht getan, weil ich als Laie nicht in forstlichen Dingen mitsprechen wollte. Hervorragende Forstleute, wie Birner, Krutina und Seitz, haben mich mehrmals mit ihrem Besuche erfreut und mich forstlich belehrt. Sie haben den Sauener Wald entstehen sehen und ihr lebhaftes Interesse dafür bekundet. Der letztere hat meines Waldes vor kurzem in anerkennender Weise in dieser Zeitschrift gedacht.
Der Verein der Freunde Bärenthorens hat mir die Ehre angetan, in diesem Jahre in Sauen zu tagen. Daraus darf ich wohl entnehmen, daß sich die Forstwissenschaft für den Sauener Wald interessiert, und ich beschreibe ihn deshalb.
Den Wald kann man, wie alles andere, von verschiedenen Gesichtspunkten aus betrachten. Gewöhnlich wird er vom wirtschaftlichen Standpunkte aus als reiner Holzerzeuger angesehen, in dem das zurzeit am meisten Geld einbringende Holz als das bevorzugte oder gar als das einzige künstlich angebaut wird, wodurch man die Natur auf das gröbste vergewaltigt. Auch dieser Standpunkt kann berechtigt sein, besonders von dem Gesichtspunkte des Privatbesitzers aus, der von seinem Walde leben muß. Wenn aber der Staat sich auf diesen Standpunkt stellt, so ist das armselig und kurzsichtig. Wenn es richtig ist, daß vor dem Kriege eine einzige Eisenbahndirektion mehr Geld einbrachte als der ganze Preußische Staatsforst, so hat dieser andere wichtigere Aufgaben zu erfüllen, von denen ich vor allen Dingen nenne: die Erhaltung einer unverfälschten Natur und die Besserung des Klimas. Zudem steht es noch nicht einmal fest, daß ein nach diesen Grundsätzen aufgebauter Wald weniger Geld einbringt als jene naturfremden Kunstprodukte.

* Vortrag, gehalten vor einem Kreis interessierter Forstleute in Bad Saarow am 7. Juli 1933 als Einführung zu einer Besichtigung des Sauener Reviers.

Ich bin kein Forstmann, ich habe mich als Laie mit dem Forst theoretisch erst seit ungefähr meinem 48., praktisch seit dem 52. Lebensjahr beschäftigt. Zur Hilfe kam mir dabei meine allgemeine biologische Vorbildung, meine große Freude am Walde und überhaupt an der freien Natur und wohl auch eine gewisse natürliche Begabung und Interesse für den Waldbau. Das letztere ließ schon früh den Wunsch in mir erstehen, einmal selbst einen Wald zu besitzen, in dem ich schalten und walten konnte, wie ich wollte.
Dabei erkenne ich immer mehr, wie eng verwandt Medizin und Forstwirtschaft sind. Beide haben es mit dem lebenden Organismus zu tun, bei beiden spielen die Fragen des Einflusses der Erblichkeit und der Umwelt dieselbe große Rolle. Beide begegnen sich im Studium der Seuchen und ihrer Bekämpfung. Die großen biologischen Theorien wie Darwinismus und Mendelismus interessieren beide in gleicher Weise. Diese Analogien ließen sich noch endlos fortsetzen.
Sie treffen aber auch zu für die Mißgriffe und Abwegigkeiten. Beide leben in dem Wahne, daß sie Naturwissenschaften seien, während sie doch in Wirklichkeit bestimmte Zwecke verfolgen, also zu den technischen Wissenschaften gehören, die die Naturwissenschaften sich soweit dienstbar machen, wie sie für ihre Ziele notwendig sind. Beide leiden an Überschätzung der Mathematik, obwohl biologische und mathematische Begabung nur selten in einer Person vereinigt sind, die biologische aber für diese beiden biologischen Wissenschaften viel wichtiger ist als die mathematische. Ärzte wie Forstleute dünken sich gern klüger als der liebe Gott, die Natur oder der Eichelhäher. Das ist ja doch alles dasselbe. Beide schließen sich in Mauern ein, beim Forstmann nennt man diese Büro, beim Mediziner Laboratorium. Beide Kerker haben aber dieselbe Wirkung, sie entfremden ihre Insassen der lebendigen Natur.

Ein Kiefern-Lärchen-Mischbestand schlechter Herkunft wurde abwechselnd mit einem 10 m breiten Streifen von Traubeneiche und Rotbuche unterbaut. Schutz vor Wildverbiß durch Eingatterung. Wegen der geringen Qualität des Nadelholz-Altbestandes sollte sich in der späteren Entwicklung der Bestand aus 10 % Kiefern, 20 % Lärche, 40 % Traubeneiche, 30 % Buche zusammensetzen. (Foto H. Apitz, 1956).

Auf eine eigenartige Weise kam ich dazu, mich noch in meinen späteren Lebensjahren mit Waldwirtschaft zu beschäftigen. Ich bin als Mediziner Hippokratiker, als Philosoph Heraklitiker. Ich fange mit Heraklit, den ich für den größten Geist aller Zeiten halte, als dem weit umfassenderen an. Einer seiner Hauptlehrsätze lautet: Die Gegensätze fügen sich zur Harmonie. Denselben Standpunkt vertritt das Corpus Hippocraticum in der Medizin mit der Lehre, daß die Gesundheit die richtige, die Krankheit die falsche Mischung von Gegensätzen darstellt. Ich habe versucht, die Grundsätze der antiken Physiologie und Pathologie wieder in die Medizin einzuführen, und ich glaube, damit Erfolge gehabt zu haben. Ich hatte aber weiter das Bedürfnis, die Größe der übergeordneten heraklitischen Lehre für andere Gebiete dieser Welt an dem Beispiele einer Wissenschaft zu zeigen, die hier gewisser Umstände halber einerseits lehrreicher ist als die Medizin und in der andererseits in dieser Hinsicht schon eine große Vorarbeit geleistet ist, die ich mir nutzbar machen konnte, wenn auch die Forstleute, die das vollbrachten, sich wohl der hohen allgemeinen Bedeutung ihrer Arbeit nicht bewußt geworden sind. Ich brauche Ihnen hier als Bahnbrecher aus der letzten Zeit nur den genialen A. Möller zu nennen.

Die Forstwirtschaft ist geeigneter als die Medizin, die Harmonie durch Gegensätze zu zeigen, weil der Mediziner gezwungen ist, das Minderwertige zu erhalten, während der Forstmann es in der Hand hat, dieses mit Axt, Säge, Baumschere usw. rücksichtslos zu vernichten, alles Hochwertige aber zu erhalten und zu fördern. Vor allem aber ist die Idee von der guten Mischung den Forstleuten durchaus geläufig, ist doch die Forderung des Mischwaldes oft von ihnen erhoben worden, des Mischwaldes, in dem das Nadelholz neben dem Laubholz, der Flachwurzler neben dem Tiefwurzler, der Humuserzeuger neben dem Humusverbraucher steht. Auch Kleintiere und Bakterien sollen im Boden in der richtigen Mischung vorhanden sein. Ich selbst sehe noch darauf, daß auch Maulwurf und Regenwurm, die sonst in der Kiefernheide zu fehlen pflegen, als Gegensätze im Boden vorkommen. Sie zeigen mir an, daß sich der letztere gebessert hat. Ein weiteres Kennzeichen für die Besserung des Bodens ist mir die Weißbuche. Ich habe sie über etwa 850 Morgen als Unterholz mit eingesprengt, teils durch Klemmen zweijähriger Pflanzen, teils durch Saat. Sie stirbt auf trockenem Boden ab, schlägt aber aus der Wurzel kümmerlich wieder aus oder kriecht als bleichsüchtiges Wesen ein bis zwei Jahrzehnte am Boden umher, so daß sie für den oberflächlichen Blick verschwindet. Mit der Besserung des Bodens, besonders unter Reisigdeckung, schlägt sie plötzlich wieder aus und macht Höhentriebe, auch an Orten, wo man sie ganz verschwunden wähnt. Diese beiden Zeichen sind für mich der sicherste Beweis, daß der Boden den wünschenswerten Zustand schon erreicht hat oder auf dem Wege dazu ist.

Bei näherer Betrachtung aber finden wir, daß mit diesen landläufigen Vorstellungen die Sache bei weitem nicht erschöpft ist.

Nach dieser Einleitung will ich das, was Sie morgen sehen werden, kurz schildern: Ich kaufte das Gut Sauen im Jahre 1912 und fing mit der Bewirtschaftung des Waldes im Jahre 1913 an. Sauen hatte damals 500 ha Wald. Durch Ankauf in der Nachbarschaft, der besonders im Jahre 1913 erfolgte, vergrößerte ich die Waldflä-

Links:
Sauener Mischwald.
In Bildmitte Gruppe von Weymouthskiefern.

Rechts:
Robinien als Besserer verarmter Waldböden und Wegbereiter für anspruchsvollere Gehölzarten.

che auf 800 ha. Auf beiden Gebieten fand ich im ganzen etwa 125 ha, zum Teil sehr alte Kahlschläge und Ödflächen, unter den letzteren auch ausgeschachtete Tongruben vor, aus denen eine Ziegelei versorgt war, außerdem zahlreiche lückige Schonungen. Altholz war nicht vorhanden, dagegen Stangenhölzer sehr verschiedener Güte, zum Teil recht gute, zum großen Teil aber auch sehr schlechte Kiefern. Im ganzen handelte es sich um den üblichen märkischen Kiefernwald. Aber doch lagen für die Begründung eines Mischwaldes insofern die Verhältnisse günstig, als genügend Saatbäume für Laubholz zur Verfügung standen, vor allen Dingen zahlreiche Birken (Bruch- und Sandbirke), genügend Aspen, drei Eichenalleen mit vorwiegend Traubeneichen und eine Reihe von stammweise eingesprengten Stieleichen, beide Arten von sehr guter Rasse und Form. Daneben hatte man nach einer in der Mark mit Vorliebe betriebenen Forstästhetik Fichte, Bergahorn, Roteiche, Weißbuche an die Wege gestellt. Diese Saatbäume, die zum großen Teile unterdrückt waren, habe ich von vornherein auf das sorgfältigste gepflegt. Sie werden sehen, zu welch herrlichen Bäumen sie in den letzten 21 Jahren herangewachsen sind und wie ausgiebig sie sich verjüngen. Die Bäume, deren Früchte durch den Wind verwehen, werden erst hochgetrieben, damit der Sturm ordentlich anpacken und sie weit ausstreuen kann. Sie werden also allmählich frei gestellt, denjenigen, deren Früchte der Vogel verbringt, wird frühzeitig die Krone freigemacht, damit sie bald ausgiebig tragen.
Die Zahl der *zukünftigen* Saatbäume habe ich

Oben:
Dichte Unterpflanzung des Altbestandes mit Gehölz unterschiedlicher Schattenerträglichkeit.

Unten:
Der dicht unterpflanzte Wald im Winter. In der Bildmitte Weymouthkiefer.

sehr stark durch Linde, Rüster, Gelbbirke und zahlreiche andere vermehrt. Sie werden vor allem an die Ränder der Bestände und an die Wege gestellt, und zwar, wenn es sich um Bäume handelt, deren Früchte der Wind verbreitet, besonders an die West-, Nord- und Südwestseiten, von denen ja bei uns gewöhnlich der Wind weht. An die Straßen habe ich unter anderen Saatbäumen mehrere Sorbusarten gepflanzt, neben der Eberesche die Elzbeere, den Speierling, die deutsche und die schwedische Mehlbeere und noch eine Reihe anderer Arten. Bisher haben mir die Vögel nur die Eberesche, diese aber auch sehr reichlich, im Walde verbreitet.

Auf geeignete gutrassige Saatbäume lege ich das allergrößte Gewicht, denn mein Ideal ist, daß hier alles einmal von selbst kommen soll. Daß dieses Ziel bereits an vielen Stellen erreicht ist, werden Sie morgen sehen.

Zu den gepflegten Saatbäumen gehört natürlich in erster Linie die Kiefer. In Sauen ist die *Seitzsche* Schuppenkiefer von Natur heimisch. Sie werden morgen ein Renommierstück davon sehen, dem ich seit 1913 meine ganz besondere Sorgfalt zuwende; eine 54jährige typische Schuppenkiefer von besonders edlem Wuchs, die in Brusthöhe einen Durchmesser von 70 cm und nach der Schätzung meines Försters einen Inhalt von 4 fm Derbholz hat. Ich fürchte, mancher Forstmann hätte vor 20 Jahren diesen besonders gut veranlagten edlen Baum als widerlichen Protzen herausgehauen.

In der hiesigen Gegend war früher die sogenannte *Danckelmannsche* Saat, bestehend aus einem Gemisch von Kiefern-, Lärchen- und Fichtensamen, üblich. Sie werden sehen, welche herrlichen stamm- und horstweisen Mischbestände ich daraus habe erziehen können. Vor allen Dingen fällt das großartige Wachstum der Lärche auf. Die Bestände sind so gut, daß man sich nur wundern muß, daß man diese vortreffliche Mischung, die, wie mir ein alter Förster erzählte, früher in dieser Gegend weitgehend üblich war, anscheinend wieder aufgegeben hat.

Einen großen Vorteil habe ich daraus gezogen, daß ich schon in den Jahren 1913 und 1914 an vielen Stellen Probepflanzungen der verschiedensten Holzarten vornahm. Das jetzt vorliegende Ergebnis ist zum Teil überraschend, da sich oft das Unwahrscheinlichste bewährt hat.

Ich habe meine Kiefernbestände ausgiebig mit Laubholz und zum Teil mit Fichten unterbaut, und zwar reichlich 1500 Morgen. Der Unterbau ist wie eine Neukultur angelegt. Wo Fehlstellen sind, wird nachgebessert. Es handelt sich also eigentlich um mehr als Unterbau, nämlich um das, was man in Süddeutschland Voranbau nannte. Anfangs glaubte ich noch, daß es ‹Laubholzböden› gäbe, allmählich habe ich eingesehen, daß man Laubholzunterbau so ziemlich überall ausführen kann.

Der Boden in Sauen ist sehr gemischt und vielgestaltig. Von dem elendesten Kies- und Sandboden mit ‹Sibirienkiefern› bis zum anlehmigen Sand und vereinzelten Lehmstellen finden sich alle Übergänge. Es ist natürlich ein Mißgriff, wenn man nach beliebtem Schema einen solchen Boden lediglich mit Kiefern bestockt.

Einige vorhandene Brücher sind mit Erlen, Birken und stammweise eingesprengten Stieleichen und Weißbuchen bestanden.

Ich bemerke vorweg, daß jeder Wald ein Individuum ist, das individuell behandelt werden muß. Das ist auch für geistig rege Forstleute ein Glück, sonst wäre der Waldbau ja langweilig. Ich rate deshalb niemandem, das, was er hier sieht, sklavisch nachzuahmen.

Ich erstrebe vor allem die Harmonie durch Gegensätze. Der Mensch störte sie, indem er das Großraubwild vertilgte, das nun die Pflanzenfresser nicht mehr in Schranken hält und nicht mehr bewegt. Der große Wildstand bei uns läßt unter keinen Umständen einen natürlichen Wald aufkommen. Beweise: Sie werden kleine Waldstücke sehen, die dadurch entstanden sind, daß in der Ödfläche ein wilddichtes Gatter gesetzt wurde. In ihm entstand binnen weniger Jahre ein Mischwald, bestehend aus Birke, Aspe, Weide, Kiefer, die anflogen, Eichen, welche der Häher, Vogelbeere, welche die Drossel brachte. Außerhalb des Gatters blieb Ödfläche. Sie werden Buchen derselben Herkunft sehen, die vor 20 Jahren gepflanzt wurden. Zur Hälfte waren sie gegattert, zur Hälfte freigelassen. Die ersteren sind mindestens zehnmal so hoch und stark wie die letzteren, die dem Wildverbiß ausgesetzt waren. Nur eine ragt unter ihnen empor, die dem Wilde offenbar nicht schmeckt, sie ist ‹immun› gegen den Wildverbiß.

Auf natürlichem Wege diese Disharmonie zu beseitigen, ist unmöglich, denn Wolf, Luchs, Bär, Wildkatze, Adler und Uhu können wir nicht wieder einführen. So müssen wir das künstlich machen durch Gatterung, davon habe ich ausgedehnten Gebrauch gemacht . . . Ich habe einmal weit über 20 km Gatter gehabt.

Ebenso wichtig ist die richtige Mischung zwischen feucht und trocken beziehungsweise bei uns die nötige Feuchtigkeitsmenge. Teils unser Klima, teils menschliche Eingriffe (Trockenlegung der Sümpfe, Flußregulierung, Kanalbauten, eintönige Getreidesteppen und einförmige dürre Kiefernwaldungen) haben den Boden an Wasser verarmen lassen. Die Niederschläge, etwa 500 mm im Jahre, sind so gering, daß sie bei schlechtem Haushalten mit dem Wasser den Anbau von Laubhölzern, besonders von anspruchsvollen, auf unserm Sandboden unmöglich machen. In unseren dürren Kiefernwäldern aber wird mit dem Hauptnahrungsmittel der Pflanze, dem Wasser, die größte Verschwendung getrieben. Ich will dabei ganz absehen vom Ausharken. In Süd- und Westdeutschland hüllt sich der Wald in einen Mantel, bestehend aus Hecken, Laubhölzern, Fichten. Dieser Mantel schützt das Innere des Waldes vor der Verdunstung durch Wind und Sonne. Unser märkischer Kiefernwald hat in der Regel keinen Mantel, vor allem wächst in der Traufe, dem Schatten der Randbäume und bei der Dürre des Bodens keine Naturhecke heran. Oft hat ein unverständiger Besitzer noch die Randbäume geästet, um ein paar Morgen Ackerland zu bessern, während er zehnmal soviel Hektar Wald damit verödete.

Sie werden sehen, daß bei mir nach Möglichkeit auch alle Wege durch einen dichten Mantel abgeschlossen werden.

Ein weiteres Hindernis für das Eindringen des Wassers in den Boden bilden gewisse Bodenüberzüge, wie z. B. Trockengräser und Beerenkraut. Hebt man nach einem selbst sehr starken Gewitterregen von etwa 30 mm mit einem Spaten diesen Überzug ab, so findet man darunter völlig trockenen Boden. Es gibt noch andere

Gründe für das Nichteindringen des Regenwassers in den märkischen Sandboden. Es würde hier zu weit führen, dies zu schildern und zu erörtern, wie man dem abhilft. Dieser das Wasser abhaltende Bodenbezug muß durch Unterbau, der ihn durch Beschattung zum Verschwinden bringt, vernichtet werden.
Der Unterbau soll niemals einseitig sein, auch er muß die richtige Mischung haben. Bei mir besteht er mindestens aus drei, gewöhnlich aus mehr Holzarten, die entweder stammweise oder in Streifen von 10 m Breite oder in Horsten und Abteilungen miteinander gemischt sind. Von den 1500 Morgen wurden 800 in folgender Weise hergerichtet: Der Wald wurde zwischen den Kiefernreihen durch einen Untergrundpflug, der aus einem einfachen scharfen Kolter und einem einzelnen Gänsefuß besteht, aufgerissen. Der Pflug wurde von zwei schweren Pferden, die Tandem gespannt waren, gezogen. Die Pferde trugen Kummetgeschirre, die Stränge waren mit Federn versehen; der Kolter, der die Kiefernwurzeln durchschneidet, muß oft geschärft werden. Die Arbeit wurde im Herbst gemacht. Im Frühjahr wurden je 10 m breite Streifen abwechselnd mit einjährigen Rotbuchen und einjährigen Traubeneichen bepflanzt (Klemmpflanzung). In die Eichenreihen wurden außerdem noch Weißbuchen- und Lindensamen gesät. Die Eberesche brachte der Vogel hinein, die Birke flog von selbst an. Sie wächst bei mir gut im Unterbau. Außer diesen Streifen wurden an passenden Stellen horst- oder abteilungsweise Feldrüster, Bergahorn, Esche, Edelkastanie, Fichte, Douglasfichte, Wildobst usw. eingesprengt. Vor allen Dingen wurden alle vorhandenen Sträucher sorgfältig geschont und solche, die noch fehlten, nach Möglichkeit eingebracht. Ich weiß, daß das Abschneiden der Kiefernwurzeln ein gewagtes Experiment war. Aber es ist zum Guten ausgeschlagen. Ich glaube sogar, daß es einen Reiz für stärkere Wurzelbildung der Kiefer abgegeben hat, ähnlich wie eine Verschulung. Im Wachstum stockenden, wipfeldürren, krüppeligen ‹Sibirienkiefern› habe ich, wie es scheint, sogar ein erhebliches Neuwachstum mit bemerkenswert guten Trieben dadurch verschafft. Ich höre allerdings von Herrn Grafen von der Schulenburg, daß das die ‹Sibirienkiefer› auch von selbst tun soll.

Die Wasserhaltung geschieht vor allem auch durch Reisigdeckung und durch Bodenbearbeitung.
Der Waldmantel, der in regnerischen Strichen mit besserem Boden sich ganz von selbst einstellt, ist in der Mark oft sehr schwer zu schaffen. Sie werden morgen sehen, daß ich 20 Jahre dazu gebraucht habe, um ihn an weitaus den meisten Stellen in vorbildlicher Weise herzustellen, und daß er da, wo er noch fehlt, im Entstehen begriffen ist. Aber ich möchte behaupten, daß mir von allen den vielen Versuchen, die ich in Sauen gemacht habe, dieser am schwersten gefallen ist. Erst durch zahlreiche Mißerfolge belehrt, bin ich zum Ziele gekommen. Es muß erreicht werden, denn ein guter Waldmantel ist eine der notwendigsten Vorbedingungen für einen wüchsigen Wald. Er ist der warme Rock und der Panzer gegen die feindliche Außenwelt. Bei neugegründeten Laubholzanlagen kommt er bei richtigem Vorgehen auch bei uns ganz von selbst, bei jungen Kiefernschonungen ist er leicht zu schaffen. Ganz anders ist das bei älteren Kiefernbeständen. Daß es eine Torheit ist, hier die Randbäume zu ästen, erwähnte ich schon. Aber auch die Erhaltung ihrer Äste genügt nicht, um Wind und zu grelle Sonne vom Walde abzuhalten. Auf trockenen, ausgeangerten Böden kommt hier auch der Unterbau nicht vorwärts, mag man Holzarten dazu wählen, welche man will. Nach 20 Jahren ist er oft noch lange nicht kniehoch. Bei dem Versuch, ihn künstlich hochzubringen, haben mich die üblichen künstlichen Düngemittel im Stich gelassen. Jahrelanges Behacken der Pflanzen hat leidlichen Erfolg. Besser ist das Auffahren von Lehm auf einen etwa 30 m breiten Randstreifen (60 Fuder auf einen Morgen), am besten dicke Packung mit Reisig, das man dazu natürlich anfahren muß, oder mit Kartoffelkraut, Kaff, Stroh usw.
Bewährt hat sich auch das Vorsetzen eines Buchen- oder Kiefernstreifens von 20 bis 30 m Breite, wozu man allerdings Ackerland opfern muß. Buchen sind besser, weil der Kiefernstreifen, zumal er auf Ackerboden steht, bald licht wird. Indessen kann man inzwischen hinter ihm und in seinem Schutz das unterbaute Laubholz hochziehen. Den tieferen Teil des Waldmantels

dichtet man am besten mit einer möglichst gemischten Hecke ab. Die Vorbedingungen des Gelingens werde ich Ihnen an geradezu prachtvollen Hecken morgen schildern. Nur geben Sie sich keine Mühe, am Rande eines Kiefernbestandes auf dürrem Boden, im Halbschatten und in der Traufe eine Hecke erziehen zu wollen. Was für Pflanzen habe ich da alles versucht! Ich habe mir von hervorragenden Gärtnern unermüdlich neue empfehlen lassen und sie angepflanzt, aber alle haben sie versagt.

Was die Mantelbäume anlangt, so soll niemals die sturmfeste Eiche darunter fehlen. Das haben die süddeutschen Forstleute gut erkannt, indem sie sie in ihren ‹Trauf› brachten. Im übrigen haben sich mir als gute Mantelbäume auf den geeigneten Standorten bewährt: von Laubhölzern, außer der schon erwähnten Eiche, Buche, Linde, Rüster (die beiden letzteren besonders, weil sie sich schirmförmig vor dem Bestande ausbreiten), Feldahorn, Akazie, von den Nadelhölzern Fichte und Schwarzkiefer, die, im Gegensatz zu ihrer märkischen Verwandten, etwas Schatten zu vertragen vermag.

Ein eigenartiger Waldmantel ist bei mir durch die Akazie erstanden. Ich fand sie an vielen Stellen als Schmuckbaum an Wegen schon vor. An anderen Orten habe ich sie eingebracht. Als Lichtbaum wächst sie schlecht im Unterbau, sie wird im Schatten besonders stark von Schildläusen heimgesucht. Ihr Wurzelausschlag aber wächst im Schatten, denn er bildet mit dem im Lichte stehenden Mutterbaum ein Individuum und genießt dessen umgewandelte Lichtenergie mit. Auf diese Beobachtung hin habe ich die betreffenden Bestandesränder auf etwa 30 m mit dem Untergrundhaken verwundet, dadurch reichlichen Wurzelausschlag und so im Unterbau einen sehr schnellwüchsigen und dichten Mantel erzielt. Der einzige Nachteil ist dabei der späte Laubausbruch der Akazie, der erst gegen Ende Mai erfolgt. So hat der Mantel gerade in der hier gewöhnlich trockenen Frühjahrszeit die nötige Dichte noch nicht erreicht. Nichtsdestoweniger leistet er vortreffliche Dienste, zumal die Akazie als ‹forstliche perennierende Lupine› den Boden sehr bessert.

In ähnlicher Weise benutze ich den dichten Wurzelausschlag der Aspe als Waldmantel.

Alle Waldmantelbäume sollen nicht nur gute Belaubung, sondern auch ein dichtes Gezweig haben, das den Wind zerfasert und dadurch ihn besser aufhält als eine feste Wand, über die er hinwegfegt.

Durch den vielseitigen Unterbau – mindestens drei Holzarten außer den Schirmbäumen Kiefern oder Eichen – schaffen wir wieder eine gute Mischung des Bodens, und zwar nicht nur, was die Bildung von Humus und Kohlensäure, die Haltung von Wasser und Bodenwärme, sondern auch was die Schaffung einer Bakterien- und Bodenflora und einer passenden Tierwelt, von den Vögeln und Säugern bis zu den zahlreichen Insekten, anlangt, die alle ihre Rolle im Haushalt der Natur spielen, indem sie durch Gegensätze die Harmonie des Ganzen fördern.

Ich bin der Ansicht und werde Ihnen Beispiele dafür zeigen, daß nicht nur der Boden die Pflanzenwelt, sondern auch die Pflanze ihren eigenen und anderen Arten den Boden schafft. Ferner lege ich großen Wert auf die Pflanzenfreundschaften und -feindschaften, auf die ich noch komme und die ich sehr weitgehend praktisch ausnütze.

Es ist die Frage, ob man reine oder gemischte Kulturen anlegen soll. Angeblich kann man nur in den ersteren astreines und hochwertiges Holz erzielen, und angeblich soll es kaum möglich sein, stark gemischte Kulturen harmonisch miteinander wachsen zu lassen. Ich werde Ihnen morgen eine Schonung mit sechs Holzarten zeigen, wo dies der Fall ist. Sie gehört aber nicht zu meinen gemischtesten, ich habe eine solche, die 16 verschiedene Holzarten aufweist, die alle gut und freudig miteinander wachsen. Um das zu ermöglichen, muß man freilich auch bei der Begründung die nötigen Altersklassen zusammenfügen und sich später um den Bestand kümmern, d. h. öfter einmal in ihn hineingehen und eine zurückbleibende Holzart durch Behackung und Reisigpackung vorwärtsbringen. Daß an sich eine stark gemischte Kultur große Vorteile mit sich bringt, ist klar. Bei den verschiedenen Ansprüchen, die die zahlreichen Pflanzenarten an den Boden stellen, wird dieser besser ausgenützt und doch weniger ausgesogen, und die Mischung der vielen Laubarten verbürgt eine gute Mischung im Boden.

Daß Licht und Schatten im Walde richtig gemischt sein müssen, daß man bald mehr Licht, bald mehr Schatten schaffen muß, gilt besonders für den Unterbau. Die Kunst der Durchforstung leistet hier sehr viel.
Auch die Mischung von Wärme und Kälte, von der die antike Medizin und Naturforschung so viel sprach, spielt eine große Rolle. Bald soll man durch Waldmäntel und andere Maßnahmen und durch stärkere Durchforstung, die die Sonne an den Fuß der Bäume, besonders der Eichen, kommen läßt, den Waldboden erwärmen, bald durch Beschattung ihn kühl halten, bald wieder durch Anflug einer schirmenden Holzart (Birke) eine frostempfindlichere unter dem Schirm heranziehen. Auch den Frost benutzen wir für unsere Zwecke insofern, als wir bei Mischung mit schnellwüchsigen, frostempfindlichen Holzarten diese durch den Frost zurückhalten lassen.
Damit haben wir die Frage der Schaffung der Harmonie im Walde durch richtige Mischung der Gegensätze keineswegs erschöpft. Aber die angeführten Beispiele mögen genügen. Ich will nur noch hinzufügen, daß natürlich auch jede Düngung im weitesten Sinne des Wortes, einschließlich der Reisigdeckung, jede Bodenbearbeitung, jede künstliche Wasserzufuhr eine Mischung von Gegensätzen im Boden darstellt.
Aber Heraklit verlangt nicht nur, daß die richtig gemischten Gegensätze zusammengespannt sein müssen, sondern betont, daß auch in der zeitlichen Folge Gegensätze miteinander wechseln müssen. Er nannte das die Enantiodromia. Das ist in Land- und Forstwirtschaft nichts anderes als der Fruchtwechsel. Daß dieser bei mir eine wichtige Rolle spielt und daß ich bestrebt bin, auf geeigneten Böden schlechte oder mäßige Kiefernbestände in Laubholz umzuwandeln, werde ich Ihnen zeigen. Dabei bleiben nach Möglichkeit gute Überhälter stehen, schon um Saatbäume und den Charakter der märkischen Landschaft zu erhalten. Da ich einen dichten und mannigfaltigen Unterbau (Voranbau) schon besitze und so für die Bodendeckung gesorgt ist, bin ich in der Durchforstung völlig unabhängig und habe es leicht, den reinen Kiefernbestand in gemischtes Holz überzuführen.
Bei meinem Waldbetrieb ist es nötig, die Holzhauer so zu erziehen, daß Schlag- und Rükkungsschäden möglichst gering sind. Darauf werden wir morgen an Ort und Stelle kommen.
Wir haben bisher nur von der Mischung der Holzarten gesprochen. Das gleiche gilt aber auch für die Sträucher und Bodenpflanzen. Sie werden sehen, welchen Wert ich auf Heckensträucher, Farne, Ginster usw. lege, und wie ich hier fehlende Pflanzen eingebürgert habe. Besonders bevorzugt werden dabei Beerensträucher und Wildobst, als Äsung für Wild und Vögel. Auch Beerenkräuter, Heide, Sandrohr sollen nicht ganz verschwinden. Brombeere, Erdbeere, Himbeere haben sich ungeheuer vermehrt. Wert wird auch darauf gelegt, daß der eigenartige Schmuck unserer Gegend, der Wacholder, erhalten bleibt, der durch den dichten Unterbau stark gefährdet ist.
Hiermit wollen wir die Ausgestaltung des Grundgedankens der Harmonie durch Mischung der Gegensätze verlassen und uns zu einzelnen Sondermaßnahmen begeben, die für die Schaffung eines natürlichen Mischwaldes von ausschlaggebender Bedeutung sind.

1. Ich sprach schon über die Wasserverhältnisse. Ich werde Ihnen morgen Versuche zeigen, daß die Waldfrage bei mir eine Wasserfrage ist, und erwähne folgendes Beispiel: Durch eine armselige Kiefernheide mit Airagras und Hungermoos am Boden zieht ein kleiner Wasserlauf. Durch Anstauung desselben habe ich seit 20 Jahren einen etwa 50–100 m breiten Streifen feucht, ja zeitweilig sogar unter Wasser gehalten. Auf diesem Streifen wächst die anspruchsvolle Feldrüster und die Fichte ganz hervorragend. Ein kurzes Stück davon entfernt bedeckte ich vor einigen Jahren den mit Hungermoos überzogenen ärmlichen Waldboden fleckenweise mit Kartoffelkraut, Kaff, Sägemehl, Rhabarberblättern. Diese Stellen stechen als grüne Oasen scharf abgeschnitten hervor. Insonderheit wachsen auf ihnen junge Eichen in dichtem Aufschlag. Die Eicheln, aus denen sie entstanden, wurden einfach auf den Boden geworfen und mit den genannten Stoffen bedeckt. Ich sehe diese Oasen ebenfalls als hauptsächlich durch die Feuchtigkeit entstanden an, die die künstliche Bedeckung in dem sonst so wasserdurchlässigen dürren Boden hielt. Zu der Ein-

bringung der Eichensaat bemerke ich: Der Forstmann sät Eicheln und Bucheln unnatürlich, indem er sie in den mineralischen Boden bringt. Die Natur wirft die Früchte auf den Boden und bedeckt sie mit Laub, beziehungsweise der Häher steckt sie bloß in die Bodendecke, wie man sich leicht an Hähereichen überzeugen kann. Es ist also eine Nachahmung der Natur, wenn ich die Früchte auf den Boden werfe und in der geschilderten Weise bedecke. Geschieht das im Herbst, so laufen sie mit großer Sicherheit auf. Nur werden sie oft von Sauen genommen. Die Frühjahrssaat in der beschriebenen Weise ausgeführt, ist selbstverständlich unnatürlich und kann völlig mißlingen, wenn das Frühjahr trocken und kalt ist. Sehr gut sind mir auf diese Weise Saaten von Ahorn und Linden in den Kiefernbeständen gelungen, die ja nicht durch Sauen gefährdet werden.
Auch Roßkastanien habe ich so auf den großen Flächen eingebracht. Außerhalb des Gatters werden die jungen Pflanzen in 4–5 Jahren vom Rehwild völlig zerstört, das die harzigen Knospen jeder anderen Äsung vorzieht. Ich benutze deshalb diese Saaten, um das Rehwild vom Verbiß hochwertigeren Jungwuchses abzulenken und um ihnen eine vortreffliche Winteräsung zu bieten.

2. Die Reisigdeckung. Auch von ihr sagte ich, daß sie durch Wasserhaltung wirke. Aber das ist bei weitem nicht der einzige Grund der großartigen Bodenverbesserung und des guten Pflanzenwachstums, wie es überhaupt in der Natur niemals eine einzelne Ursache für irgendeine Erscheinung gibt, sondern immer außerordentlich zahlreiche Bedingungen zusammenwirken. Das werde ich Ihnen für die Reisigdeckung morgen an äußerst gelungenen Experimenten im Unterbau und in der Ausfüllung von Lücken in Schonungen zeigen. Die Vorteile, die das Reisig außer der Wasserhaltung noch bietet, sind: Das Wild liebt das Knacken nicht und steckt nicht gern das Geäse in das Reisig. Dies schafft die vielen verwickelten Verhältnisse, die wir mit dem Namen Bodengare bezeichnen. Es hält das Laub fest und läßt es nicht verwehen. Das sind nur so einige Punkte, die wir kennen, sicher kennen wir viele andere, vielleicht die wichtigsten nicht. Wirken doch in der Natur so viele wichtige Imponderabilien mit. Jedenfalls kann ich Ihnen praktisch die großartige Wirkung systematischer Reisigdeckung vorführen, und das ist die Hauptsache.
Als unversiegbare Quellen zur Gewinnung von Reisig dienen mir der an den meisten Stellen viel zu dichte Unterbau von Rotbuche, der Anflug von Birke und der Wurzelausschlag der Akazie.

Reisigdecke als besonders bewährtes Mittel zur Bodenverbesserung.

3. Ähnlich steht es mit der Bodenbearbeitung, einem weiteren großen Mittel für den Waldbau. Auch sie erwähnte ich bei der Erörterung des sparsamen Wasserhaushaltes. Auf der gleichen Linie der dadurch bewirkten geringen Verdunstung liegt ja auch die Verminderung des Bodenfrostes durch das Mittel.
Ich habe in früheren Jahren, als mir noch mehr Geld zur Verfügung stand, Kulturen und Unterbau etwa drei Jahre lang mit der Hand hacken lassen. Dieses Verfahren ist sehr wirksam, hat aber den Nachteil, daß es teuer ist. Von dem vortrefflichen Keudellschen Verfahren habe ich ausgedehnt und, wie Sie sehen werden, mit großem Erfolg Gebrauch gemacht. Ich will zu seinem Lobe noch erwähnen, daß es sich mir gegen den Engerling bewährt hat. Wir leiden

Die hier reichlich vertretenen Robinien werden später zunehmend durch wertvollere Nutzhölzer ersetzt, nachdem sie ihre Hauptaufgabe der Bodenverbesserung erfüllt haben.

hier an einer alle vier Jahre sich wiederholenden Maikäferplage. Schlimmer als die Käfer, die die Wipfel der Laubbäume kahlfressen und sie dadurch zum Zwieseln (Zwiesel = sich vergabeln) veranlassen, sind die drei Jahre an den Wurzeln fressenden Engerlinge, die mir ganze Kulturen zerstört haben. Sie lieben die öftere Beunruhigung durch das dreimal im Jahre wiederkehrende Keudelln nicht, und so brachte ich die gefährdete Kultur hoch.

Das Wachstum meiner Keudellkulturen ist großartig. Ihr Mangel besteht in der geringen Zahl von Pflanzen, denn die Darwinsche Auslese aus einem großen Überschuß von jungen Bäumchen halte ich für sehr wesentlich.

Von Keudell hat diesen Nachteil später dadurch abgestellt, daß er seine Kulturen nicht mehr kreuz und quer, sondern nur in einer Richtung igelt, und so die einzelnen Reihen dicht bepflanzen kann. Ich bin beim alten Keudellschen Verfahren, das sich mir sehr bewährt hat, geblieben. Besonders üppiges Wachstum zeigten in den Keudellkulturen Buche, Fichte und Lärche, und zwar auch auf ärmeren Böden.

Mit Unrecht hat man der Bodenbearbeitung im Walde vorgeworfen, sie sei ‹Gärtnerei›. In Wirklichkeit ist auch sie Nachahmung der Natur. Macht doch das Wildschwein eine vorbildliche Bodenarbeit im Walde.

Daß man durch Bodenbearbeitung und Reisigdeckung auf Lücken in Kiefernschonungen Laubholz mit schon vorwüchsigen Kiefern in gleiches oder stärkeres Wachstum bringen kann, werde ich Ihnen morgen zeigen, dabei werden Sie sehen, daß ich in der Lückenausfüllung, infolge der in Sauen mir gegebenen Verhältnisse, eine große Erfahrung besitze. Als vortreffliche Lückenbüßer haben sich mir im höheren Unterbau von Laubholz, nachdem der Schirm zum größten Teil beseitigt war, auf geeignetem Boden Rüster, Esche, Bergahorn bewährt, die in den Buchen- und Eichenbestand noch hineinwachsen, ja, ihn zum Teil überwachsen, ferner die Fichte, weil sie Schatten verträgt. In Kiefernlücken bewährt sich ganz hervorragend die japanische Lärche und in zweiter Linie die Akazie, besonders wenn ich durch den Untergrundhaken Wurzelbrut hervorrufen konnte. Auf die häufig auftretenden Sterbelükken in älteren Kiefernschonungen wurden Heister von Traubeneiche und Rotbuche gepflanzt, einesteils der Mischung wegen, anderenteils, um nach Jahrzehnten einmal als eingesprengte Saatbäume zu dienen.

4. Eine Besonderheit von Sauen ist meines Wissens die ausgedehnte Benutzung der Akazie als Bodenbesserin. Sie hat drei ganz vortreffliche Eigenschaften, sie bringt Stickstoff und Humus in den Boden und lockert ihn. Vor allem aber zieht sie zwei Pflanzen nach sich, die in einer anderen Art wieder den Boden in kaum glaublicher Weise bessern. Die Fruchtfolge unter ihr ist zuerst ein wenig wünschenswertes Gras, dann Brombeere und schließlich Holunder. Dieser stellt sich vor allem ein wegen des ihm von der Akazie gebotenen Stickstoffes, wie er ja auch an

den Hausecken und Wänden erscheint, wo Männer und Hunde urinieren, und auf dem Fuchsbau. Brombeere und Holunder schaffen unter sich geradezu Gartenboden. Das ursprünglich sich einstellende Gras wird von ihnen vollständig vernichtet. In erster Linie habe ich die Akazie benutzt zur Urbarmachung toter ausgeschachteter Tonböden, die mir die frühere Ziegelei in Sauen als Ödflächen hinterließ und die auf andere Weise schwer urbar zu machen sind. Die Akazie mit den beiden in ihrem Gefolge auftretenden Pflanzen macht aus ihnen in 10 bis 20 Jahren ganz hervorragende Böden, auf denen die ‹Aristokraten des Waldes› Esche, Stieleiche, Rüster, Bergahorn üppig wachsen. Wenn Sie morgen diese Bilder sehen, so wird es Ihnen schwer werden zu glauben, daß hier vor 21 Jahren noch Ödflächen waren.
Von diesen Brutstätten der Brombeere aus zieht sich diese jetzt über weite Strecken auch in den Kiefernbeständen, deren Böden früher mit Beerenkräutern und Heide bedeckt waren. Anfangs kam die Brombeere nur im Gatter hoch, jetzt tritt sie in solchen Mengen auf, daß das Wild sie nicht mehr durch Verbiß niederhalten kann.
Als Vorstufe der Brombeere zeigte sich vielfach die Himbeere. Sie leistet lange nicht das gleiche an Bodenbesserung wie die erstere.
Oft bin ich von Forstleuten gefragt, wie ich denn dieses entsetzlich wuchernde und verdämmende Unkraut wieder fortbekäme. Die Sache ist sehr einfach, die Brombeere verschwindet, sobald der Unterbau, der aus ihr herauswächst, sich geschlossen hat. Dann hat sie ihre Pflicht, den Boden hervorragend gebessert zu haben, erfüllt. Einige Lücken, die natürlich wegen des dichten Bodenüberzuges durch Schälen der Mäuse in dem Buchenunterbau entstehen, werden, wenn sie größer sind, durch Traubeneichen, wenn sie kleiner sind, durch Feldrüsterloden ausgebessert. Die letzteren sind schnellwüchsiger als die Nachbarbuchen und holen sie noch ein. Wo die Brombeere mehrere Jahre als dicker Bodenüberzug gestanden hat, wachsen die anspruchsvollsten Holzarten.
Loden- und Heisterpflanzungen werden auch sonst gern ausgeführt.
Die Akazie bietet, wiederum als Wurzelausschlag mittels Durchziehen des Untergrundha-

Oben:
Robinia pseudoacacia mit reichlichem Wurzelausschlag. Der luftstickstoffbindende Baum trägt hervorragend zur Verbesserung der Standortfruchtbarkeit bei. Die ungewöhnlich geraden Stämme zeugen für Auswahl genetisch sehr guter Sorten.

Unten:
Robinienunterbau als Wegbereiter für zahlreiche Begleitpflanzen.

kens entstanden, einen vortrefflichen Unterbau für Pappeln und lückige Kiefernbestände. Sie darf allerdings niemals weit in die Kiefernkrone hineinwachsen oder sie gar überwachsen, dann stirbt die Kiefer schnell ab. Daß die letztere nicht *unter* der Akazie wächst, brauche ich wohl nicht zu erwähnen.

Die Fichte dagegen wächst ausgezeichnet unter der Akazie, ebenso die Hähereiche.

Es gibt kein besseres Mittel, ein stockendes Fichtenwachstum in Gang zu setzen, als das Dazwischenbringen oder auch nur die Nähe der Akazie. Auch erscheint sie mir die gefürchtete Rohhumusbildung unter der Fichte zu verhindern. Nur muß man darauf achten, daß die Krone der Akazie nicht gerade in gleicher Höhe mit den Wipfeltrieben der Fichte wächst, sonst werden die letzteren zerrieben. Der Wipfeltrieb der Fichte muß über oder unter der Krone der Akazie stehen. Um ihn über diese Spanne hinüberzubringen, muß man den Schirm der Akazie lichten.

Das ganze Verfahren läßt sich nicht mit kurzen Worten beschreiben, morgen werden Sie es mit einem Blick übersehen. Dabei werden Sie sich auch überzeugen, wie töricht die oft gehörte Behauptung ist: «Die Fichte ist in der Mark ein Exot, sie gehört nicht dahin.» Ich werde Ihnen Fichtenwachstum zeigen, wie Sie es auf den besten Fichtenböden im Gebirge kaum besser sehen. Freilich meine ich damit nur das Jugendwachstum, da ich erst über eine 21jährige Erfahrung verfüge, wobei ich bemerke, daß ich krüppelige ältere Fichtenbestände, die ich in geringer Anzahl vorfand, durch Akazien schnell hochgetrieben habe, so daß sie jetzt stattliche Bäume sind.

Weitaus am besten wächst die Fichte an Wasserläufen, von denen ich zwar nur sehr kleine habe, die indessen vollständig genügen. Aber auch an anderen Stellen wächst in Sauen die Fichte befriedigend. Leider hat sie sehr langen Schutz gegen das Schälen des Rotwildes nötig. Im Gegensatz dazu wird die Lärche nur wenig geschält.

Neben der Akazie habe ich Weißerle, Ginster, Lupine weitgehend zur Bodenbesserung verwandt.

Meine Herren! Sie werden verstehen, daß der Waldbetrieb, den ich Ihnen eben in großen Umrissen geschildert habe, viel Geld gekostet hat. Aber einmal spielte das Geld damals für mich keine Rolle, da ich eine sehr große und einträgliche internationale Privatpraxis besaß, und dann lag mir damals weniger daran, eine einträgliche Forstwirtschaft zu betreiben, als das große heraklitische Experiment, für das sich die medizinische Wissenschaft lange nicht so eignet wie die forstliche, praktisch durchzuführen. Und dieses Experiment ist glänzend gelungen.

Ich hoffe, Sie aber morgen zu überzeugen, daß alles das, was ich durchgeführt habe, gar nicht nötig ist, wenn man sich die nötige Zeit nimmt. Sie werden sehen, daß die mit Kiefern bestandenen Vergleichsflächen, die ich nicht weiter bearbeitet und auch nicht unterbaut habe, jetzt teilweise von jungen Eichen strotzen, die der Häher eingebracht hat, und daß diese weniger dicht überall verbreitet sind. Reichlich ist die Birke angeflogen; die Vogelbeere und die Traubenkirsche werden von den Drosseln eingebracht. Bergahorn, Weißbuche, Fichte, Lärche fliegen sehr gut an und verjüngen sich selbst, dazwischen mischen sich an lichten Stellen Aspen und Weiden, deren Samen der Wind offenbar über ungeheuer weite Strecken führt. Kurz, überall grünt und sprießt es unter dem Kiefernschirm und an seinem Rande von jungem Unterbau, für den ich nichts anderes tue als planmäßige Durchforstung und Reisigdeckung, der sich mir also ganz umsonst, ohne einen Pfennig Kosten zu verursachen, einstellt. Für alle diese Holzarten sind die Samenbäume da. Es fehlen noch Buche, Rüster, Esche, Linde und einige andere Arten, die schon als Samenbäume gepflanzt, aber noch zu jung sind, um Früchte zu tragen. Ich bin überzeugt, daß sie einmal von selbst herrliche Mischungen zeitigen werden, vor allem den mehrstufigen Wald, den ich an einer Stelle schon künstlich durchgeführt habe und den ich als eins von meinen Waldidealen jedem Besucher vorführe. Vorderhand tritt überall die Hähereiche auf; sie ist der allgemein verbreitete, schon vorhandene Unterbau. Bis die von mir gepflanzten Saatbäume Buche, Linde usw. so herangewachsen sind, daß sie reichlich fruchten, vergehen 30 bis 40 Jahre. Dann haben die inzwischen unter lichtem Kiefernschirm herangewachsenen Eichen schon einen großen Vorsprung erreicht. In ihren Lücken und unter ihnen wächst die dritte Stufe des Waldes heran. So bekommen wir einen dreistufigen Wald, oben den Lichtbaum Kiefer, in der Mitte den Halbschattenbaum Traubeneiche, unten den Schattenbaum Buche. Alle drei harmonieren in jeder Beziehung, auch in der Wurzelverteilung. Am tiefsten wurzelt die Traubeneiche, dann kommt die hier bodenständige Schuppenkiefer, die nach Seitz ihre Wurzeln nur mäßig tief in den Boden schickt, schließlich die flachwurzelnde Buche.

Die Verjüngung der Kiefer unter Schirm, die wir sich in Bärenthoren so herrlich vollziehen sehen, ist mir trotz vielfachen Bemühungen bisher noch nicht gelungen. Aber auch hier machen sich verheißungsvolle Anfänge bemerkbar, die uns wenigstens Hoffnungen erwecken, daß wir auch das noch einmal erreichen werden. Einstweilen sind in Sauen andere näherliegende Aufgaben zu erledigen.

Trotzdem ich im 72. Lebensjahr stehe, habe ich noch ein neues großes Experiment vor, dessen Ergebnis ich zwar nicht erleben werde, da es mindestens 60 Jahre dauern wird, bis es anfängt, sich zu entscheiden, dessen günstiger Ausgang mir aber auch so ganz gewiß ist, wenn nicht einer meiner Nachfolger mit Macht dagegen arbeitet. Das ist nun freilich nicht unwahrscheinlich, denn es ist ja immerhin fraglich, ob der Besitz in der Familie bleibt und nicht in fremde Hände übergeht. Bei der Nennung der zahlreichen Verwandtschaften zwischen Medizinern und Forstleuten vergaß ich: Sie pflegen beide ihre Vorgänger für Toren und sich selbst für viel klüger zu halten. Deshalb muß ich es den Nachfolgern möglichst erschweren, mir dieses Experiment verderben zu können.

Der Plan ist folgender: Ich besitze noch ein Vorwerk, das ich zugekauft habe. Es hat 100 ha Wald, und zwar reine Kienheide. Diese besteht meist aus von mir angelegten 10- bis 20jährigen Schonungen, die, abgesehen von starkem Schälschaden durch Rotwild, sehr gut stehen, und aus wenig befriedigenden, im ganzen schlechtwüchsigen ausgeharkten jüngeren Stangenhölzern. Außer wenigen Birken fehlen alle passenden Saatbäume. Die mir nicht gehörende Umgebung ist von ähnlicher Art. In diese Kiefernwüste werde ich, in großen Horsten und Abteilungen und richtig auf der Fläche verteilt, Heisterpflanzungen von Laubbäumen tadelloser Herkunft und Verfassung einbringen, die einstmals die Saatbäume abgeben sollen. An die Wege werden Sorbusarten, besonders die gemeine Vogelbeere, gebracht, die schon in wenigen Jahren Samen tragen, aber auch andere Saatbäume, die ja in vollem Lichtgenuß und Freistand gut und regelmäßig fruchten. Selbstverständlich müssen die Mutterbäume mit geflügelten Samen stets an die Hauptwindseite gestellt werden.

Außer dieser besitze ich eine andere, noch kümmerlichere Bauernheide. Hier sind aber Saatbäume, insbesondere Traubeneichen und Sorbusarten, schon in der Reichweite der waldbildenden Vögel, die ein vernünftiger Forstmann auf das sorgfältigste hegen sollte, vorhanden. Außerdem gibt es dort Saatbirken. Rotbuchen, die noch fehlten, habe ich in genügender Anzahl eingebracht. Sie sind als spätere Saatbäume vorgesehen.

Diese erbärmliche Kienheide besitze ich erst seit 1929. Es geschieht, abgesehen von Durchforstung, Reisigdeckung und Aufforstung von den dort reichlich vorhandenen Ödflächen, alten verangerten und vom Engerling durchseuchten Kahlschlägen, nichts mit ihr. Und doch wird dort, wenn der Nachbesitzer es nicht verhindert, sondern das Werk fortsetzt, mit der Zeit ein trefflicher Mischwald entstehen, denn die Vorbedingungen sind da. Dann werden die Nachbarn, wie heute in Sauen, sagen: «Sie haben den guten Boden, bei mir wächst so etwas nicht.» Merkwürdig nur, daß der liebe Gott bei der Verteilung des Bodens auf der Grenze einen Strich gezogen hat.

Zum ersten und wahrscheinlich auch zum letzten Male in meinem Leben habe ich heute einen Vortrag vor Forstleuten gehalten. Da will ich nicht versäumen, meinen Dank den zahlreichen Forstleuten auszusprechen, von denen ich so manche Förderung und Anregung genossen habe. Ich habe die Freude, einige von ihnen unter uns zu sehen.

Nachtrag vom November 1948:
Jetzt, 15 Jahre nach Veröffentlichung obigen Aufsatzes, ist der weitere Erfolg meines Waldexperimentes noch stärker in die Augen springend und überzeugend. Sorgfältige Durchforstungen, die jetzt auch schon in das heranwachsende Unterholz eingreifen und grundsätzlich die seltensten Holzarten begünstigen bzw. herausstellen, haben den Charakter eines vielseitigen Mischwaldes immer schärfer ausgeprägt. *Besonders eindrucksvoll wirkte dieser Mischwald in seiner Gesundheit und Üppigkeit in den letzten Dürreperioden. Als wesentlichster Erfolg erscheint mir heute die allgemeine Gesundung des Bodens, die sich einerseits durch vermehrten Holzzuwachs, andererseits durch große Verjüngungsfreudigkeit ausdrückt.* Außer den mannigfachen Sträuchern beginnen sich jetzt sämtliche Holzarten natürlich zu verjüngen.

Zusammenfassung und Schlußfolgerungen

Der kühne Gedanke August Biers, einen märkischen Kiefernwald in einen sich selbst regenerierenden Mischwald zu verwandeln, wurde zu einem Lehrstück. Dieses enthält mancherlei allgemeine Hinweise auf die gegebenen Möglichkeiten und Grenzen eines solchen Vorhabens. Oft werden jedoch auch Antworten auf sehr spezielle Verfahrensfragen gegeben. Da der Versuch in einer für die norddeutsche Tiefebene typischen Waldsituation erfolgte, sind viele der in Sauen gesammelten Erfahrungen verallgemeinerungsfähig. Es seien daher die wichtigsten Ergebnisse zusammengefaßt und jeweils im Blick auf allgemeine Probleme der Waldgefährdung erörtert.

Erhaltung des Waldes als gesellschaftliches Anliegen

Das Erhalten des Waldes ist ein gesellschaftliches Anliegen besonderer Art. Von der Waldgefährdung und daraus entstehenden Umweltveränderungen wird nur zum kleineren Teil die jetzt lebende Generation betroffen. Weit mehr handelt es sich dabei um Minderungen der Lebensgrundlagen für künftige Generationen. Eine wirksame Strategie zur Erhaltung bzw. Gesundung unserer Wälder wirft Fragen auf, die zu gründlichem Umdenken zwingen. Die Anzucht des Waldes bis zum Einsetzen des Ertrages beträgt 60 bis 120 Jahre. Dies gilt für den Altersklassenwald, also die weitgehend übliche Kahlschlagwirtschaft nahezu absolut. Erst im länger bestehenden Dauer-Mischwald ist mit einer ständig fließenden Ertragsquelle zu rechnen. Bei der vorherrschenden Wirtschaftsweise ist somit die Neupflanzung eines Reviers Arbeit für die Enkel und noch späterer Generationen. Umgekehrt können sich die nachhaltigen Folgen der Übernutzung eines Waldbestandes u. U. erst für die folgenden Generationen voll auswirken.

Das Beispiel des Sauener Waldes, mit seinem 28maligen Besitzerwechsel seit der Mitte des 15. Jahrhunderts, zeigt in drastischer Weise die sich aus der langen Reifeperiode eines Baumbestandes ergebenden Schwierigkeiten, Beständigkeit der Wirtschaftsweise zu gewährleisten. Wir erleben in aller Welt, wie schwer es fällt, zu einem vernünftigen Umgang mit erschöpfbaren Ressourcen zu kommen. Neben der Holzwirtschaft zeigen dies die Verhältnisse bei den fossilen Brennstoffen und einigen knapp werdenden Nichteisenerzen. Auch dort, wo es keineswegs um das Überwinden elementarer Notsituationen geht, hat das Erfüllen vordergründiger Wünsche Vorrang vor der Rücksichtnahme auf die Generationen nach uns. Die ethische Verpflichtung, um die es hier geht, betrifft – unabhängig von den jeweiligen Besitzstrukturen – alle, die unmittelbar oder indirekt Waldwirtschaft zu verantworten haben.

Der Schwerpunkt der Waldvernichtung durch Abholzung liegt zweifellos in den Entwicklungsländern. Die Triebkräfte sind dabei: Gewinn von Ackerland und Weideflächen, Deckung des Holzbedarfs für Brenn- und Bauzwecke. Dazu kommt eine steigende Nachfrage der Industrieländer nach tropischen Waldprodukten.

Die Schätzungen der jährlichen Waldvernichtung gehen weit auseinander. Sie liegen gegenwärtig bei 18–20 Millionen ha im Jahr. In den zentraleuropäischen Ländern wird die beabsichtigte Verminderung der Waldflächen deutlich weniger ins Gewicht fallen. Weit schwerer können jedoch Prognosen gestellt werden über das Ausmaß zu erwartender Waldzerstörungen als Folge der Luftverschmutzung. Bei Fortsetzung der gegenwärtigen Entwicklungslinien wird auch aus diesen Ursachen mit Störungen des Wasser- und Nährstoffkreislaufs sowie mit negativen bioklimatischen Folgen und einer Abnahme des Artenreichtums der Pflanzen- und Tierwelt zu rechnen sein.

Das Fichten- und Kiefernsterben als Folge der Luftverschmutzung wirft wie nie zuvor Fragen gegenseitiger Verantwortlichkeit auf. Infolge der Kompliziertheit der Verhältnisse sind juristisch begründbare Klärungen und Abhilfen nach dem Verursacherprinzip nur bedingt möglich. Die heute schon annähernd übersehbaren Ausdehnungsbereiche des Schadstoffausstoßes industrieller Großanlagen zeigt, daß Lösungsversuche ohne internationale Regelungen unzureichend bleiben müssen. Zudem ist der erforderliche Aufwand zur Herabsetzung der industriellen Schadstoffabgabe enorm und sicher von manchen Wirtschaftszweigen kurzfristig kaum zu realisieren.

Die Sorgen des Waldbesitzers sind somit eingebettet in einen Komplex ungelöster Aufgaben von globalem Ausmaß.

Die gesetzliche Festsetzung des maximalen Gehaltes an Schwefeldioxid und Stickoxiden in Industrieabgasen löst das Problem keineswegs vollständig. Schadstoffproduzenten sind alle, die Heizanlagen oder Verbrennungsmotoren betreiben. Es betrifft also praktisch jeden von uns.

Da wir zugleich Interessenten an der Erhaltung der Wälder sind, um das Klima unseres Lebensraums, die Qualität unseres Trinkwassers und das Bild unserer Landschaft zu erhalten, wird die Verflechtung der Interessen und Verantwortlichkeiten deutlich. Der Forstwirt erwartet von der Öffentlichkeit Minderungen der Schadstoffbelastung, die Öffentlichkeit vom Forstwirt Erhaltung und Gesundung der Wälder. Die praktischen Folgerungen aus dieser Interessenverflechtung werden die öffentlichen Diskussionen und die politischen Gremien noch intensiv beschäftigen.

Der Spielraum des Forstwirtes bei der unmittelbaren Abwehr der Waldgefährdung durch Umwelteinflüsse erstreckt sich gegenwärtig auf die Änderung der Waldstruktur. Die Auswahl – relativ – schadstoffresistenter Gehölzarten zur Gestaltung von Mischwäldern kann die Widerstandskraft gegenüber dem ‹sauren Regen› und/oder anderen Schadstoffen erhöhen. Wahrscheinlich wird auch die Intensivierung des Bodenlebens durch Maßnahmen der Humuspflege bei der Abwehr von Immissionsschäden eine entscheidende Rolle spielen. Das Beispiel des Sauener Waldversuchs gibt in dieser Richtung konkrete Hinweise.

Artenreichtum der Pflanzen- und Tierwelt

Der Rückgang der Artenvielfalt bei Pflanze und Tier ist eines der Ergebnisse herkömmlicher Waldbaupraxis. Er bedingt zugleich zahlreiche weitere ökologische Veränderungen. Die neueren Versuche, durch hochintensiv bewirtschaftete Holzplantagen zu höheren Holzerträgen zu kommen, steigern diesen Vorgang noch erheblich. Das großzügige Verwenden von Pestiziden und mineralischen Düngemitteln wie die Verkürzung der Vegetationsperioden im Kahlschlagbetrieb schaffen hier zusätzliche ökologische Probleme. So werden vor allem die Wasserqualität aus dem Einzugsgebiet der Wälder und das Gleichmaß der Wasserführung gefährdet.

Der Sauener Waldversuch zeigt in beeindrukkender Weise die Umkehr solcher Entwicklung. Die Zunahme des Artenreichtums betrifft hier alle Bereiche der Pflanzen- und Tierwelt: das mikrobielle Bodenleben, den Bodenbewuchs, Sträucher und Hauptgehölze. Die von G. Rohde und Mitarbeiter 1957 durchgeführten Vergleichsuntersuchungen des Bodenlebens im Sauener Revier und dessen unmittelbarer Nachbarschaft sprechen für sich. Alle an der Humusbildung beteiligten Mikroben, Pilze und Arten der Bodenfauna sind im Sauener Wald ungleich reicher vertreten als in Nachbarrevieren. Im übrigen mag eine Zahl für die allgemeine Entwicklung sprechen. Statt der ursprünglich vertretenen 12–16 Gehölzarten werden jetzt 460 gezählt. Dies ist sehr viel mehr, als für die optimale Zusammensetzung eines Mischwaldes in dieser Klimalage ‹erforderlich› wäre. Diese besondere, namentlich von Forstmeister Heinrich Bier betriebene, Förderung des Artenreichtums hat jedoch die Bedeutung eines Experimentierfeldes mit wichtigen Ergebnissen. Zeigte sich hier doch die Bedeutung der inzwischen fortgeschrittenen ‹Gesundung› des Waldes für das Gedeihen mancher exotischer Arten. Die eingetretene Verbesserung der Bodenfruchtbarkeit und des Mikroklimas ließen auch Baumarten gedeihen, die unter den Standortbe-

dingungen der norddeutschen Tiefebene bisher nicht heimisch gemacht werden konnten.
Die Vielfalt der zu einer beziehungsreichen Einheit zusammengewachsenen Arten dürfte das wichtigste Element bei der Herstellung eines sich selbst weitgehend regenerierenden Systems von zugleich hoher Stabilität sein.

Fragen der Waldbaupraxis

August Bier arbeitete im Sauener Revier nach dem Prinzip der Auslesedurchforstung. Dieses ist auf Erzielung optimaler Holzqualität, aber auch guter Mengenerträge orientiert. Überblikken wir die wichtigsten waldbaulichen Maßnahmen, die zur Gesundung des Reviers führen sollten, so werden die Unterschiede – zumindesten in ihrer Rangordnung – gegenüber der herkömmlichen Waldbaupraxis deutlich:
- Schaffung eines dichten, artenreichen ‹Waldmantels›, insbesondere zur Verbesserung des Kleinklimas.
- Maßnahmen zur Eindämmung des Wildverbisses bei Jungpflanzungen.
- Verbesserung der Bodenfruchtbarkeit und des Wasserkreislaufs, vor allem durch Maßnahmen der Bodenbedeckung und Anbau luftstickstoffbindender Pflanzen.
- Anbringen von Nistkästen zur Vermehrung der für die Samenverbreitung erwünschten Vogelarten.
- Betonte Pflege genetisch wertvoller Gehölze als Samenspender.
- Anzucht eines 3-Etagen-Waldes zur optimalen Nutzung der Lichtenergie bei unterschiedlichem Vorgehen je nach Ausgangslage der einzelnen Schläge.

Gegenüber der Bewirtschaftung des Altersklassenwaldes mit seinem regelmäßigen Turnus von Neupflanzung und Kahlschlag stellt die Waldbauweise des Sauener Reviers qualitativ andere Ansprüche an den Forstwirt. Die um die Einzelstammpflege bemühte Auslesedurchforstung verlangt viel waldbauliche Erfahrung und Einfühlungsvermögen in die Entwicklungsbedingungen des Mischwaldes.
In den Anfangsstadien einer Umorientierung werden oft Maßnahmen wie Eingatterung von Neupflanzungen als Schutz vor Wildschäden oder auch Maßnahmen der Bodenbedeckung einen hohen Investitionsaufwand bedeuten. Das Sauener Beispiel zeigt aber zugleich, daß der höhere Aufwand an Waldpflegemaßnahmen in der Anlaufphase durch das danach einsetzende selbstregulatorische Geschehen deutlich entlastet wird.
August Bier war in der Lage, die für die rasche Umgestaltung des Waldes anfangs erforderlichen Investitionen zu bestreiten. Daß es sich hierbei nur um vorübergehend höhere Aufwendungen handelte, zeigen die dargestellten Ertragsziffern bzw. die Zuwachsraten des Holzvorrates (S. 96).
Es dürfte möglich sein, durch entsprechende technologische Entwicklungen den für die Maßnahmen der Auslesedurchforstung jeweils erforderlichen Aufwand an Arbeitszeit zu verkürzen. Trotzdem stellen sich bei dieser arbeitsintensiveren Waldbauweise Arbeitskräfteprobleme. Aus der gemeinsamen ökologischen Verantwortung heraus sollte hier überdacht werden, ob für junge Menschen die bisher eingeführten Formen eines ‹Ersatzdienstes› im sozialpflegerischen Bereich nicht auch auf die anstehenden dringlichen ökologischen Aufgaben ausgedehnt werden sollten. Auf diese Weise könnte für den ökologisch engagierten Teil der Jugend eine Gelegenheit angeboten werden, produktiv an der Umweltgestaltung teilzunehmen. Freilich würden dem Forstwirt hier erweiterte Aufgaben der Unterweisung in praktischen Maßnahmen der Waldpflege zufallen.
Die Fortsetzung der Waldwirtschaft im Sinne von August Bier böte die Möglichkeit, ökologische Erfahrungen von besonders aktueller Bedeutung zu sammeln. Kaum ein anderes Beobachtungs- und Versuchsfeld vereinigt unter vergleichbaren geologischen und bioklimatischen Verhältnissen so große Unterschiede der Standortfruchtbarkeit und solche Vielfalt von Gehölzarten und -sorten. Hier läßt sich die Empfindlichkeit gegenüber Schadstoffen in ihrer Abhängigkeit von der erzielten Bodenverbesserung, den genetischen Art- bzw. Sorteneigenschaften der Gehölze und mancher weiterer Faktoren aufschlußreich beobachten.